Figures du Savoir : une série de monographies consacrées à un auteur – savant, philosophe, ancien, moderne – ayant contribué à la connaissance, ayant légué à la postérité un outil intellectuel susceptible d'être repris par n'importe quel sujet *pensant*.

Ni biographie, ni commentaire, ni débat, ni reprise mais *enseignement* : une exposition des contributions les plus importantes de l'auteur présenté, conceptions, notions, arguments, thèses, qui en font une *figure du savoir*.

Essai pédagogique : rendre accessible et vivante une pensée pour un lecteur non spécialiste d'aujourd'hui. La contextualiser pour montrer comment elle intervient dans un monde, comment sa façon de s'y poser et s'y distinguer entre en résonance avec les situations et les horizons de *notre* monde. La ramener à des schèmes extrêmement simples et immédiatement parlants pour l'expérience commune. La reconnaître à l'œuvre dans d'autres *lieux* disciplinaires ou d'autres époques culturelles.

En bref, introduire tous les éléments d'information susceptibles de montrer l'*actualité* de cette pensée, sans s'interdire d'indiquer les prolongements, critiques et contre-propositions qu'elle peut appeler aujourd'hui.

FIGURES DU SAVOIR

Collection
dirigée
par
Richard Zrehen

LAUTMAN

Dans la même collection

1. Jean-Michel Salanskis, *Heidegger.*
2. Richard Beardsworth, *Nietzsche.*
3. Patrick Landman, *Freud.*
4. Michel Paty, *Einstein.*
5. André Scala, *Spinoza.*
6. Charles Le Blanc, *Kierkegaard.*
7. Michel Paty, *D'Alembert.*
8. Gérard Haddad, *Maïmonide.*
9. Alberto Gualandi, *Deleuze.*
10. Jean-Michel Salanskis, *Husserl.*
11. Alain Vanier, *Lacan.*
12. Jean Lassègue, *Turing.*
13. Charles Lenay, *Darwin.*
14. Patrice Canivez, *Weil.*
15. François Schmitz, *Wittgenstein.*
16. Pierre Billouet, *Foucault.*
17. Alberto Gualandi, *Lyotard.*
18. Laurent Fedi, *Comte.*
19. Benoît Timmermans, *Hegel.*
20. Jean-Pierre Belna, *Cantor.*
21. Denis Lamour, *Flavius Josèphe.*
22. Ali Benmakhlouf, *Averroès.*
23. Francesco Paolo Adorno, *Pascal.*
24. Claudine Normand, *Saussure.*
25. Frédérique Ildefonse, *Les Stoïciens I.*
26. Sémir Badir, *Hjelmslev.*
27. Alexis Tadié, *Locke.*
28. François-David Sebbah, *Lévinas.*
29. Pierre Cassou-Noguès, *Hilbert.*
30. Denis Thouard, *Kant.*
31. Victor Rosenthal/Yves-Marie Visetti, *Köhler.*
32. Olivier Dekens, *Herder.*
33. Marco Panza, *Newton.*
34. Pierre Cassou-Noguès, *Gödel.*
35. Ali Benmakhlouf, *Russell.*
36. Francesco Paolo Adorno, *Arnauld.*
37. Clara Auvray-Assayas, *Cicéron.*
38. Paul Audi, *Michel Henry.*
39. Fabrice Colonna, *Ruyer.*
40. André Scala, *Berkeley.*
41. Nathalie Monnin, *Sartre.*
42. Ali Benmakhlouf, *Montaigne.*
43. Julie Giovacchini, *Epicure.*

Édition spéciale pour le coffret Husserl-Heidegger :
Jean-Michel Salanskis, Husserl-Heidegger. Présentation – mots-clés.

EMMANUEL BAROT

LAUTMAN

LES BELLES LETTRES

2009

95, bd Raspail 75006 Paris.
www.lesbelleslettres.com

ISBN : 978-2-251-76063-6

À Aurélie et Jules

J'adresse ici mes sincères remerciements à Jacques Lautman, pour ses précieuses indications sur Albert Lautman qui m'ont permis de rectifier certaines grosses erreurs biographiques.

Un vif merci également à Fernando Zalamea, Pierre Cassou-Noguès, Julien Servois, ainsi que Didier Duru, pour ce qu'ils m'ont appris et aidé à clarifier, et à Richard Zrehen pour ses leçons de pédagogie et sa patience.

Enfin, reconnaissance spéciale à Renaud Chorlay, qui m'a tant instruit sur les théories et l'histoire des mathématiques, et *in fine* à Jean-Michel Salanskis qui m'a encouragé et guidé (et supporté) depuis maintenant plus de 10 ans, en particulier pour ma thèse de doctorat soutenue le 6 décembre 2004 à l'université Paris X – Nanterre sous sa direction, *L'aventure mathématique de la dialectique depuis Hegel*, dont le présent livre est une excroissance locale initialement imprévue.

Repères chronologiques

1900 : conférence de Hilbert* (1862-1943) « *Sur les problèmes futurs des mathématiques* ». Les vingt-trois problèmes qu'il liste, dont celui de la consistance de l'arithmétique, vont constituer des pôles de recherche pendant tout le XXe siècle.

1902 : Poincaré* (1854-1912) publie *La science et l'hypothèse*.

1905 : Einstein* établit la théorie de la relativité restreinte ; naissances de P. Nizan, de R. Aron, de J.-P. Sartre.

1906 : Duhem* (1861-1916) publie *La théorie physique, son objet, sa structure* ; naissance de Levinas.

1907 : Bergson publie *L'évolution créatrice*.

1908 : naissance à Paris d'Albert Lautman, fils du docteur Sami Lautman, immigré venu de Vienne en 1893 et de Claire Lajeunesse, issue d'une famille juive

* Une notice biographique est consacrée en fin d'ouvrage à tous les noms propres marqués d'un astérisque.

française. En 1914 Sami, comme ses deux frères, s'engagera dans l'armée française. Grièvement blessé en 1916, il sera fait chevalier de la Légion d'honneur.

Naissances de M. Merleau-Ponty, de S. de Beauvoir, de C. Lévi-Strauss.

1910 : Russell* (1872-1970) et Whitehead* (1861-1947) publient les *Principia Mathematica.*

1912 : Brunschvicg* (1869-1944) publie *Les étapes de la philosophie mathématique.*

1915 : Einstein établit la théorie de la relativité générale.

1921 : Wittgenstein* (1889-1951) publie le *Tractatus logico-philosophicus*; Einstein reçoit le prix Nobel de physique.

1923 : lauréat du concours général classe de Première, Lautman entre au Lycée Condorcet en classe de Mathématiques élémentaires où la rencontre avec Jacques Herbrand* (1908-1931) marquera sa vie.

1926 : Lautman est reçu à l'Ecole Normale Supérieure, concours Lettres; il retrouve Jacques Herbrand, reçu premier au concours Sciences en 1925.

1927 : publication de *Etre et Temps* de Heidegger* (1889-1976), de *Le progrès de la conscience dans la philosophie occidentale* de Brunschvicg, de *Journal métaphysique* de Gabriel Marcel; Bergson reçoit le prix Nobel de littérature; Heisenberg* établit les « inégalités », résumées par la formule de « principe d'incertitude », qui contribuent à fonder la mécanique quantique.

1928 : lors de la rencontre annuelle franco-allemande de Davos, qui accueille Cassirer* (1874-1945), Einstein et Heidegger, Lautman venu avec un groupe de normaliens sous la houlette de Célestin Bouglé, directeur-adjoint de l'ENS, fait la connaissance de Suzanne, étudiante de Georges Davy à Dijon, qu'il épousera en 1931 ; il fréquente les Jeunesses socialistes ; H. Weyl* publie *Théorie des groupes et mécanique quantique.*

1929 : publication de *Logique formelle et logique transcendantale* de Husserl*, qui assure également un séminaire à la Sorbonne, d'où proviendront ses *Méditations cartésiennes* en 1931 ; publication de *Qu'est-ce que la métaphysique ?* de Heidegger, de l'*Essai sur la connaissance approchée* de Bachelard*, et de *La conception scientifique du monde*, dit aussi *Manifeste du Cercle de Vienne,* par un collectif autour de Carnap* et du philosophe et sociologue autrichien Otto Neurath (1882-1945) ; Louis de Broglie (1892-1987) reçoit le prix Nobel de physique.

1930 : Lautman est agrégé de philosophie, il effectue son service militaire avec des camarades mathématiciens au 401e régiment d'artillerie de Metz ; Herbrand soutient *Recherches sur la théorie de la démonstration,* qui est difficilement reçue comme thèse de mathématiques à la Sorbonne.

1931 : Herbrand fait une chute mortelle dans une course en montagne ; Lautman se marie, le couple part pour deux ans à Osaka.

Heidegger est nommé Recteur de l'Université de Fribourg ; Gödel* (1906-1978) démontre son théorème d'incomplétude ; le mathématicien allemand Van der Waerden* (1903-1966) publie le traité *Moderne Algebra.*

1931-1933 : Lautman est professeur de langue et culture française à l'Ecole supérieure des langues occidentales d'Osaka.

1932 : Bergson publie *Les deux sources de la morale et de la religion,* Nizan, *Les chiens de garde,* attaque en règle contre les philosophes « idéalistes » (Bergson,

Boutroux* (1845-1921), Brunschvicg, Lalande, Marcel et Maritain), Jean Wahl, *Vers le concret*; Heisenberg reçoit le prix Nobel de physique.

1933 : Husserl se voit interdire l'accès à la bibliothèque de l'université de Fribourg ; séminaire d'Alexandre Kojève (1902-1968) sur Hegel à l'École Pratique des Hautes Études (jusqu'en 1939), auquel participent Queneau et Lacan.

1933-1934 : Lautman est affecté au lycée de Vesoul ; Carnap publie la *Syntaxe logique du langage.*

1934-1935 : Lautman est détaché à la Caisse Nationale des Sciences.

1935 : Lautman est affecté au lycée de garçons de Chartres – il y restera jusqu'en 1939 ; il fréquente le Parti Radical ; Aron publie *La Sòciologie allemande contemporaine*, Gabriel Marcel, *Être et avoir*, Levinas, *De l'évasion.*

1937 : en décembre, Lautman soutient ses deux thèses de doctorat es Lettres, *Essai sur les notions de structure et d'existence en mathématiques* et *Essai sur l'unité des sciences mathématiques dans leur développement actuel*; Louis de Broglie publie *La physique nouvelle et les quanta.*

1938 : *Anschluss* (annexion de l'Autriche par l'Allemagne nazie) ; convaincu que la guerre va éclater, Lautman s'inscrit à un cycle de perfectionnement pour officiers de réserve ; Cavaillès soutient ses thèses publiées, comme celles de Lautman, à la Librairie Hermann où il lance également une collection d'Essais Philosophiques co-dirigée avec Raymond Aron ; La collection n'aura que quatre numéros, dont deux de Lautman, un de Jean Cavaillès (1905-1944) et l'*Esquisse d'une théorie des émotions* de Sartre en 1939 ; Bachelard publie *La formation de l'esprit scientifique*, Sartre *La nausée*, Aron l'*Introduction à la philosophie de l'histoire.*

Mort de Husserl.

1939-1940 : l'Allemagne envahit la Pologne ; l'URSS et l'Allemagne signent un pacte de non agression ; entrée en guerre de la France ; Lautman est mobilisé comme commandant d'une batterie d'artillerie anti-aérienne qui abattra six avions allemands ; il reçoit la Croix de Guerre, est fait prisonnier en juin 1940 et interné à l'Oflag IVD à Hoyerswerda (Silésie) où il participe à la préparation d'une évasion collective à 28, qui aura lieu en octobre 1941.

Brunschvicg publie *La Raison et la religion.*

1940 : Bourbaki* (pseudonyme d'un groupe de chercheurs réunis en association dès 1935) publie le premier volume des *Eléments de mathématiques ;* Bachelard publie *La Philosophie du non.*

1941 : L'Allemagne envahit la Russie ; le Japon attaque Pearl Harbor ; les Etats-Unis entrent en guerre ; Lautman, démobilisé à son retour en France, est immédiatement révoqué comme juif ; en conséquence la proposition de nomination, émise en sa faveur par le Conseil de la Faculté des Lettres de Bordeaux, restera sans suite. Mort de Bergson.

1942-1944 : les Lautman habitent Toulouse ; Suzanne Lautman est professeur de philosophie au lycée de jeunes filles Place Saint Sernin ; Albert Lautman se consacre largement à ses activités de Résistant, tout en préparant deux textes qui seront publiés après sa mort ; il est d'une part chef Opérations, secteur I, Etat-Major de l'Armée secrète à Toulouse et chef-adjoint du maquis de Grenade, d'autre part responsable à Toulouse, pour le réseau Françoise, de passages en Espagne.

1943 : Sartre publie *L'être et le néant* dont il envoie un exemplaire dédicacé à Lautman.

1944 : en avril, la caravane vers l'Espagne dans laquelle se trouvait Jules Lautman, frère d'Albert est interceptée; Lautman est arrêté le 15 mai 1944 par la police allemande d'occupation, alors qu'il se rendait à un rendez-vous avec un passeur; durement interrogé, il est dans le train fantôme vers l'Allemagne qui, parti de Toulouse le 7 juillet, erre pendant deux semaines avant d'échouer à Bordeaux, où les prisonniers sont entassés dans la synagogue; il est fusillé, avec 47 codétenus, le 1er août 1944 au Camp de Souges (Gironde).

Mort de Léon Brunschvicg réfugié sous un faux nom à Grenoble ; Jean Cavaillès, condamné par un tribunal militaire allemand, est fusillé à Arras.

1945 : Merleau-Ponty envoie à Suzanne Lautman un exemplaire dédicacé (avec mention d'Albert Lautman) de la *Phénoménologie de la perception.*

1946 : Raymond Badiou, camarade de Lautman à l'Ecole Normale Supérieure, maire de Toulouse (1944-1958), fait adopter par le Conseil municipal le changement de nom de la rue de l'Université, dans le centre historique, qui devient « Rue Albert Lautman, Héros de la résistance (1908-1944) »; une rue porte également son nom à l'intérieur du campus de l'Université des Lettres et Sciences Humaines Toulouse II — Le Mirail.

1977 : première publication des œuvres de Lautman en collection 10/18 sous le titre *Essai sur l'Unité des mathématiques et divers écrits.*

1987 : la *Revue d'histoire des sciences* consacre son premier numéro de l'année à Albert Lautman.

2006 : publication de *Les Mathématiques, les Idées et le Réel physique*, ensemble de tous les écrits d'Albert Lautman, à la Librairie philosophique Vrin.

2008 : colloque du centenaire Herbrand à l'Ecole Normale Supérieure, département de mathématiques ; premier Colloque en l'honneur de Lautman, à l'occasion du centenaire de sa naissance, au département de philosophie de l'Université du Québec à Montréal (UQAM),

Œuvres d'Albert Lautman & abréviations utilisées

Sauf mention contraire, les références aux textes d'A. Lautman sont prises dans l'édition suivante, établie par Jacques Lautman : Albert Lautman, *Les mathématiques, les idées et le réel physique*, Paris, Vrin, 2006, collection « Problèmes et controverses », noté MIR.

L'ouvrage est introduit par :

- une Présentation de Jacques Lautman pp. 7-13 ;

- une étude critique de Fernando Zalamea « Albert Lautman et la dialectique créatrice des mathématiques modernes » pp. 17-33 ;

- la Préface de 1977 de Jean Dieudonné à : A. Lautman, *Essai sur l'unité des mathématiques & divers écrits*, Paris, UGE, 1977 (collection 10/18), éd. par Costa de Beauregard, Jean Dieudonné et Maurice Loi, pp. 35-38.

Liste des textes de Lautman présents dans cette édition, et abréviations utilisées :

1935, « Mathématique et réalité », pp. 47-50, noté *MR*.

1935, « Congrès international de philosophie des sciences », intervention de septembre 1934, pp. 51-64, noté Congrès.

1936, « Considérations sur la logique mathématique », pp. 39-46, noté Considérations.

1937, *Essai sur les notions de structure et d'existence en mathématiques*, pp. 125-234, noté ESE.

1937, *Essai sur l'unité des sciences mathématiques dans leur développement actuel*, pp. 81-124, noté EUD.

1937, « De la réalité inhérente aux théories mathématiques », pp. 65-68, noté RIT.

1937, « L'axiomatique et la méthode de division », pp. 69-80, noté AMD.

1939, *Nouvelles recherches sur la structure dialectique des mathématiques*, pp. 235-258, noté NR.

1946, *Symétrie et dissymétrie en mathématiques et en physique* suivi de *Le problème du temps*, pp. 265-300, noté SD.

Autres textes ou éditions utilisées

1935, *Rapport sur les travaux philosophiques entrepris par M. Lautman*, Fonds ENS Bouglé, Archives C1AJ carton 96, 12 pages dactylographiées, mars 1935, texte inédit, établi et transcrit par F. Zalamea. Noté « Rapport Bouglé ».

1939, avec Jean Cavaillès, « La pensée mathématique », séance de la Société Française de Philosophie du 4 février 1939, dans J. Cavaillès, *Œuvres complètes de philosophie des sciences*, Paris, Hermann, 1994, pp. 593-630. Noté PM.

1946, *Symétrie et dissymétrie en mathématiques et en physique* suivi de *Le problème du temps*, édition originale, Paris, Hermann, 1946, avec une Introduction de Suzanne Lautman et l'Allocution du Recteur Moulinier à l'Oflag IV (Camp de Souges, Gironde), non reprises dans l'édition Vrin de 2006. Noté SD (EO).

La première partie *Symétrie et dissymétrie en mathématiques et en physique* se trouve également dans F. Le Lionnais (éd.), *Les grands courants de la pensée mathématique*, 1948, Paris, Hermann, éd. 1998, pp. 54-65.

Introduction

« Il s'était fait kantien dans sa jeunesse, parce qu'il faut être kantien à un moment de sa vie, et que ce n'est pas inutile pour passer les concours. Du kantisme, il avait gardé le culte des mathématiques et le dégoût de cette vue par trop naïve de l'univers que l'on nomme vulgairement le chosisme. Mais approfondissant sa culture mathématique et suivant les développements post-kantiens de la science mathématique, il avait dépassé le kantisme. Car il avait éprouvé le heurt et le soutien à la fois de cette chose qui pour lui était un absolu et qu'il appelait, vous vous en souvenez, les structures. La nature profonde du réel était pour lui justement les oppositions de structures complémentaires qui se résolvaient dans des couples. Dans le langage des mathématiciens modernes vous reconnaissez et Lautman reconnaissait lui-même qu'il rejoignait Platon. »[1]

Allocution de M. L. Moulinier, Recteur de l'Université de l'OFLAG IV – D, suite à l'annonce de l'exécution d'A. Lautman au camp de Souges (Gironde) le 1er août 1944.

1. SD (EO) pp. 48-49.

Albert Lautman est né en 1908. Il entre à l'Ecole Normale Supérieure d'Ulm en 1926, et soutient en 1937 deux thèses de philosophie des mathématiques : la thèse principale est intitulée *Essai sur les notions de structure et d'existence en mathématiques*, la thèse complémentaire *Essai sur l'unité des sciences mathématiques dans leur développement actuel.* Juif, chef de résistance pendant le régime de Vichy, il est fusillé par l'occupant en 1944.

I

Lautman est très vite averti de la logique et des mathématiques, et marqué par l'œuvre du mathématicien David Hilbert, auxquelles son ami le logicien Jacques Herbrand* (1908-1931) l'avait précocement initié. Proche par la suite de plusieurs des futurs fondateurs du groupe de mathématiciens Bourbaki, il manifeste aussi en permanence son intérêt pour la nouvelle physique de l'entre-deux-guerres. À partir de cette immersion dans la chose scientifique, il va produire en quelques années une œuvre transversale quantitativement restreinte, mais aussi dense philosophiquement que de haute technicité. Il est très peu connu du grand public, et à peine plus de l'institution de la philosophie elle-même qui voit en lui, au mieux, un compagnon étiqueté « platonicien » de Jean Cavaillès, son ami et aîné de quelques années (né en 1903), également exécuté en 1944.

Divers facteurs peuvent expliquer cet esseulement postérieur. Qu'il ait mené son activité de résistance en région toulousaine à partir de 1942 alors que Cavaillès, qui avait été nommé professeur suppléant à la

Sorbonne en 1941, a notamment accompli la sienne à Paris – Cavaillès symbolisant par la suite la résistance d'une université française qui dut partiellement choisir ses héros[2] – en constitue certainement un premier.

Mais un autre facteur fut au moins aussi puissant : sa double singularité dans l'espace intellectuel français. Profondément marqué, comme toute sa génération, par l'épistémologie historique de Léon Brunschvicg, la référence centrale de Lautman reste la métaphysique de Platon, ce qui a certainement pu apparaître comme anachronique, d'un côté. D'un autre côté, sa fréquentation de théories mathématiques novatrices et difficiles l'extrait d'un certain nombre de préoccupations dominantes chez les philosophes du domaine. Il est en tout cas très symptomatique que la première publication de ses œuvres complètes, qui date de 1977, ait été le fait de scientifiques (dont Jean Dieudonné, membre de Bourbaki) plutôt que de philosophes, et que la nouvelle édition de ses œuvres chez Vrin en 2006, sous le titre *Les mathématiques, les idées et le réel physique*, à l'initiative de son fils Jacques Lautman, soit de nouveau introduite par un mathématicien, Fernando Zalamea.

Lautman réussit à faire se pénétrer mutuellement la philosophie antique de Platon et les révolutions mathématiques de son époque. Il montre que les rapports de

2. Dans le film de J.-P. Melville de 1969, *L'armée des ombres*, le chef de résistance Luc Jardie, joué par Paul Meurisse, fusionne de façon révélatrice Jean Moulin et Jean Cavaillès. En témoigne le personnage du résistant Philippe Gerbier, joué par Lino Ventura, qui compulse, dans une maison vide lors d'un exil forcé suite à une évasion réussie, *Transfini et continu* ou encore *Remarques sur la formation de la théorie abstraite des ensembles*, œuvres de Cavaillès, dont Jardie est l'auteur dans le film.

l'Un et du Multiple, de l'Être et du non-Être, du fini et de l'infini, du continu et du discontinu, du Même et de l'Autre, qui sont au cœur de l'entreprise philosophique depuis Pythagore, s'expriment avec précision en analyse fonctionnelle[3], en géométrie différentielle[4], dans la théorie des structures algébriques[5], etc., mais aussi dans la méthode axiomatique. Que Lautman ait réussi ce tour de force nous semble amplement mériter que l'on s'y consacre activement, d'autant plus que ses orientations, comme on tentera de le montrer peu à peu, restent en prise sur les débats contemporains.

L'intuition fondamentale de Lautman, c'est que les mathématiques sont comme un grand corps vivant : ses multiples branches sont en croissance exponentielle, et les révolutions alors récentes montrent qu'en chacune d'elles prédominent des structures abstraites en affinité les unes avec les autres. Ce qui témoigne d'une unité primordiale qu'il interprète comme un « drame » « dialectique » se jouant entre un plan supérieur de l'Etre, le plan ontologique des Idées de Platon, et le plan historique des théories scientifiques qui sont les incarnations, les réalisations de ces Idées. Mais la connaissance physique et cosmologique exige également, contre toute forme de positivisme, de repenser à la façon du *Timée* de Platon comment la réalité sensi-

3. Groupe de théories formulées dans le langage géométrisant des espaces abstraits, par extension à partir de la notion d'espace de points. Les « points » d'un « espace fonctionnel » sont des fonctions auxquelles sont généralisées les propriétés des points ou des nombres comme la convergence, la limite d'une suite ou encore la distance.

4. Application des instruments du calcul différentiel (dérivation et intégration) à l'étude de la géométrie. En théorie de la relativité, elle permet de modéliser la courbure de l'espace-temps.

5. Cf. chap. II.

ble est façonnée par ces Idées. Or comme ce façonnement passe, pour Lautman, par le plan mathématique, celui-ci, intermédiaire nécessaire entre l'Idéal et le réel, retrouve à cette occasion le statut « transcendantal » que le kantisme avait mis à l'honneur, c'est-à-dire le statut de centre opérationnel *a priori* constitutif de toute connaissance objective.

Dès son *Rapport*[6] rédigé en 1935 sur les recherches qu'il menait en vue de ses thèses, Lautman semble posséder l'essentiel des matériaux et les grandes lignes de sa position, mais il est frappant que la référence à Platon soit alors absente. Cela nous semble être un indice probant d'une chose essentielle : la philosophie de Lautman n'est pas, malgré les apparences, une philosophie « des » mathématiques au sens d'un discours « s'appliquant » de l'extérieur aux mathématiques. Fréquentant avec compétence des théories mathématiques variées, Lautman en fait peu à peu jaillir, *en interne*, la nécessité d'une conceptualisation qui leur soit intimement adéquate : il sera plus juste, dans son cas, de parler de « philosophie mathématique ».

II

L'ambition de ce livre est d'introduire à l'essentiel d'une philosophie très originale, son intuition fondamentale, ses concepts majeurs, en étant aussi peu technique que possible : rendre compréhensible au non-spécialiste le vif de l'apport de Lautman à la pensée des mathématiques, et rendre justice à l'effort qui fut le sien de tenir ensemble rigueur scientifique et liberté

6. Rapport Bouglé.

philosophique. L'objectif sera, enfin, de montrer en quoi cette œuvre stimulante est toujours d'une grande actualité.

Le chapitre I restitue le contexte historique et conceptuel dans lequel Lautman élabore sa position sur le rapport Idées dialectiques-théories mathématiques, position que le chapitre II présente dans sa généralité avec plusieurs exemples à l'appui. Le chapitre III examine la complexité proprement philosophique de ses références[7] à Platon* et Heidegger*, et montre que Lautman, plus proche de Hegel* que de Kant*, élabore un rapport original entre métaphysique et histoire. Dans le chapitre IV enfin, on se consacre aux éléments de cosmologie et de philosophie de la physique qu'il nous a légués à partir de sa relecture du *Timée*.

L'énoncé liminaire de la pensée de Lautman est le suivant : « *ce rapprochement de la métaphysique et des mathématiques n'est pas contingent, mais nécessaire* »[8]. Expliciter au mieux cette nécessité et en présenter les principaux tenants et aboutissants sera notre fil conducteur.

7. Platon (427-347 av. J. C.) ; Emmanuel Kant (1724-1804), Georg Wilhelm Friedrich Hegel (1770-1831), Martin Heidegger (1889-1976).

8. NR, p. 237.

I

Les trois cadres de la pensée lautmanienne

Le XIXe siècle est une période révolutionnaire pour la diversité des grands secteurs de la mathématique : l'analyse (théorie des fonctions), la géométrie, l'algèbre subissent toutes de puissants remaniements au niveau de leurs méthodes comme de leurs objets[1]. La croissance exponentielle de la technicité et des résultats de chacune de ces branches fait littéralement éclater l'espace conceptuel issu d'Euclide et de Newton, en particulier la conception de l'unicité de l'espace tridimensionnel classique et du calcul infinitésimal. La physique fera écho à ces profonds remaniements. Cet éclatement ne va pas donner lieu immédiatement à une réunifica-

1. Sur ces révolutions du XIXe siècle, cf. J. Dieudonné (éd.), *Abrégé d'histoire des mathématiques*. 1700-1900, Paris, Hermann, 1978, ch. VI-VII et X.

tion nouvelle : il faudra attendre la fin de l'entre-deux-guerres au XXe siècle et Bourbaki pour qu'un nouveau cadre général et unitaire[2] de formulation des problèmes et d'articulation des méthodes n'advienne. Mais les décennies qui précèdent cet avènement, les années 1900-1930 vont, elles, être le théâtre d'une crise des fondements de la logique et des mathématiques dont la profondeur et la vigueur n'ont d'égale que celle des irrationnels dans l'antiquité et la chute du pythagorisme[3].

La spécialisation disciplinaire qui a accompagné la croissance de cette longue période a eu notamment comme effet un mouvement profond d'autonomisation des sciences à l'égard de toute philosophie prétendant détenir la clé de leurs mystères : au premier abord, on pourrait croire que Lautman n'a pas tenu assez compte de cette autonomisation. Contrairement à Cavaillès ou Bachelard qui, eux, auraient affranchi la science (les mathématiques pour le premier, la physique pour le second) de toute tentation régalienne de la

2. Approximativement, un « paradigme » au sens de Thomas Kuhn dans *La structures des révolutions scientifiques* (1962, tr. fr., Paris, Flammarion, 1972) ou une « épistémè » au sens de Michel Foucault dans *L'archéologie du savoir* (Paris, Gallimard, 1968), c'est-à-dire l'univers de normes et de valeurs, de représentations, de pratiques stabilisées (dans les discours comme dans les institutions), qui encadrent en les excédant les champs et théories strictement scientifiques.

3. La chute de l'Ecole de Pythagore tient essentiellement à l'expérience de l'incapacité à exprimer par des nombres entiers ou des rapports de nombres entiers, c'est-à-dire par des nombres *rationnels*, la quantité représentée par la diagonale d'un carré de côté 1. Cette quantité existe, est constructible, mais n'a aucun équivalent dans les nombres rationnels : d'où une fissure définitive du pythagorisme qui renvoyait la structure de toute chose concrète (phénomènes naturels, propriétés du cosmos) ou abstraite (nombres, objets géométriques) à ces nombres entiers, qui étaient conçus comme les principes autant de l'Etre que de la connaissance. Cf. chap. II, § 1.1.1.

philosophie, que ce soit sous forme d'une métaphysique fondatrice ou d'une théorie générale de la connaissance, Lautman aurait, lui, de nouveau subordonné les mathématiques à une métaphysique de type classique. On va voir qu'il n'en est rien.

Lautman refuse de soumettre les mathématiques à une instance autre qu'elles-mêmes, mais, du même mouvement, il considère que la philosophie ne saurait être un simple commentaire descriptif et second de ce qui se passe en elles, que ce commentaire soit dominé par des préoccupations logiques, psychologiques ou historiques. Au contraire, elle ne saurait consister ni à se concentrer sur ce qui fait d'elles une langue spécifique, ni à se limiter à en expliciter les contenus immédiats, puisque cela tendrait à minimiser ou à oublier ceci : les mathématiques font l'expérience d'une réalité *spécifique* qu'elles n'arrivent pas à capter *intégralement.*

Lautman part du principe selon lequel les faits et les théories mathématiques *ne parlent pas d'eux-mêmes*, ou plus exactement, ne livrent pas par eux-mêmes tout le sens et l'enjeu de ce qu'ils construisent. De ce fait, la philosophie des mathématiques, si elle doit rester description et non prescription à l'égard des mathématiques, n'est pas pour autant une description *factuelle*.

La force de Lautman, s'installant dans la science pour en parler et refusant toute prétendue *fondation* métaphysique des mathématiques qui plaquerait sur elles, de l'extérieur, ses propres intérêts, c'est de proposer une philosophie « *intrinsèque* » aux théories (Catherine Chevalley[4]), c'est-à-dire visant à une « caractérisation intrinsèque du réel »[5] spécifique qui se déploie

4. Cf. C. Chevalley, « Albert Lautman et le souci logique », *Revue d'histoire des sciences*, XL (1), 1987.

5. ESE, p. 129.

en elles. Et si cette philosophie naît à même la fréquentation continue des théories dans leur technicité, sa stratégie consistera à *faire un détour par la métaphysique pour élaborer des hypothèses d'interprétation* à leur endroit, c'est-à-dire pour les faire parler au-delà de ce qu'elles disent immédiatement.

Ce premier chapitre présente de façon succincte les trois « cadres » théoriques à partir desquels Lautman élabore sa position. Ces trois cadres sont :

1) l'héritage des révolutions mathématiques du XIXe siècle, dans un contexte où l'unification qu'elles exigent n'est pas encore advenue ;

2) l'idée de *métamathématique* telle que Hilbert l'a développée ;

3) le style épistémologique « dialectique » des philosophes français des sciences de cette période.

1.- Des révolutions du XIXe siècle à la crise des fondements des mathématiques

1.1.- L'arithmétisation de l'analyse

On peut grossièrement insister sur trois grandes révolutions internes aux mathématiques du XIXe siècle. La plus connue est l'« arithmétisation de l'analyse », c'est-à-dire la reconstruction de l'analyse réelle (théorie des fonctions à variable réelle) à partir de la refonte des ensembles de nombres. Cette dernière a consisté à reconstruire la mathématique de l'infini à partir du fini, c'est-à-dire des nombres entiers naturels (d'où la formule d'« arithmétisation »), plus ou moins considérés comme objets d'un savoir *immédiat*.

Le souci de fond de cette tendance, incarnée par Karl Weierstrass[6], c'est la « rigueur », souci d'assurer les théorèmes et les démonstrations sur des bases saines, sur des concepts et des méthodes univoques, sans appel explicite ou implicite à une forme quelconque d'intuition. Moyennant l'élaboration de nouveaux concepts opératoires (comme celui de limite[7]), devaient notamment disparaître les « infiniment petits » qui avaient constitué un pôle d'opacité et de controverses depuis le XVIIe siècle dans le calcul infinitésimal. Cette arithmétisation a conduit à déplacer le lieu des interrogations conceptuelles, d'abord vers la notion de *nombre*, puis vers la notion d'*ensemble*. Les travaux de Dedekind et de Cantor[8] inaugurant la première forme, dite « naïve », de la théorie des ensembles, interviennent dans ce contexte[9].

6. Karl Weierstrass* (1815-1897), mathématicien allemand.

7. Une *suite* est un ensemble totalement ordonné de n éléments, n étant un entier naturel, ces éléments étant à valeurs dans un ensemble qui peut être celui des nombres rationnels, des nombres réels, etc. Une *série* est une addition de tous les éléments, pris de façon ordonnée, d'une suite. Une suite est *convergente* si les valeurs de ses éléments sont aussi proches qu'on le souhaite d'une grandeur L dès que n est suffisamment grand, c'est-à-dire à partir d'un certain rang. La grandeur L est la *limite* de cette suite. La notion de limite s'étend avec les mêmes propriétés pour une fonction $f(x)$ quelconque.

8. Richard Dedekind* (1831-1916), Georg Cantor* (1845-1918), mathématiciens allemands.

9. Pour remédier aux contradictions de cette théorie « naïve » des ensembles de la fin du XIXe siècle, des conditions drastiques touchant les modes de construction des ensembles, entendus comme « collections d'éléments », seront systématisées au début du XXe siècle sous forme d'une courte série d'axiomes fixant ce qu'il est légitime ou non de traiter comme un ensemble. La version standard de cette axiomatisation est appelée « ZF », œuvre du mathématicien E. Zermelo en 1908, complétée par la suite par A. Fraenkel.

1.2.- La transformation de la science géométrique en langage de la mathématique

Mais le XIXe siècle est aussi, peut-être surtout, une ère véritablement révolutionnaire pour la géométrie, et cela sur deux points essentiels. Le premier est la légitimation progressive, à partir de Gauss[10], d'un point de vue logico-mathématique, puis plus tard, physique (avec les théories de la relativité) des géométries dites « non-euclidiennes », c'est-à-dire ne respectant pas le postulat euclidien de l'unicité des parallèles. Le second est la généralisation, là encore à partir de Gauss, jusqu'à Riemann, en passant par Grassmann[11], de la notion de *dimension*, qui s'est traduite par l'élargissement du concept de « surface » à deux dimensions (comme un plan ou une sphère) à celui de « variété » (ou multiplicité) à *n* dimensions.

Depuis Euclide jusqu'au XIXe siècle, la tridimensionnalité de l'espace était posée comme une évidence, intellectuelle ou intuitive, l'idée de dimension étant alors renvoyée à une structure intrinsèque du réel. Or ces penseurs-là ont montré que, *mathématiquement* parlant, s'arrêter à la dimension 3 n'avait rien de nécessaire ni d'évident : ce qui a permis de relativiser et d'élargir la notion de dimension en général, et d'en fixer un concept mathématique excédant cette tridimensionnalité associée au rapport, en dernière instance empirique et perceptif, de l'homme à son environnement.

10. Carl Friedrich Gauss* (1777-1855), mathématicien allemand.

11. Bernhard Riemann* (1826-1866), mathématicien allemand ; Hermann Grassmann (1809-1877), mathématicien allemand, a publié en 1844 *Die lineale Ausdehnungslehre* (*La science de la grandeur extensive*).

Tout cela a donc contribué à « déconstruire » le concept d'espace tridimensionnel unique et homogène, hérité d'Euclide et surtout de la physique mathématique newtonienne, que Kant dans la *Critique de la raison pure* avait élevé au rang « transcendantal », c'est-à-dire au rang de condition *anhistorique* de possibilité de la connaissance scientifique.

Dans la mesure où cette double rupture a impliqué la dissociation de l'intuition de l'espace perceptif d'avec la multiplicité nouvelle des concepts mathématiques d'espace, on peut dire que cette révolution fut un processus de *déspatialisation du géométrique*. Déspatialisé, le géométrique va alors trouver son unité dans un autre plan d'analyse : celui des structures abstraites de l'algèbre, ce que consacrera le *Programme d'Erlangen* de Klein[12] en 1872.

La conséquence est d'importance : la géométrie va mourir comme science pour devenir *langage* ; elle n'est plus tant un ensemble de théories orientées vers la connaissance des propriétés de certains types d'objets (courbes, surfaces, solides, etc.) qu'un *mode de formulation* transversal des divers domaines des mathématiques, même de ceux dont le contenu n'est pas géométrique (progressivement, on parlera par exemple d'« espaces fonctionnels », c'est-à-dire d'ensembles d'objets, comme des fonctions, assimilés à des « espaces » dont ces objets seront les « points » spécifiques). Ce que Bourbaki résume ainsi :

> *« Dépassée en tant que science autonome et vivante, la géométrie classique s'est ainsi transfigurée en un langage*

12. Félix Klein* (1849-1925), mathématicien allemand.

> *universel de la mathématique contemporaine, d'une souplesse et d'une commodité incomparable »*[13].

Le caractère « parlant » des formulations ou images géométriques d'un côté, la plasticité de ces formulations (la possibilité de les faire fonctionner analogiquement), expliquent cette « souplesse » et cette « commodité ».

1.3.- Tendances formalisantes et axiomatisantes

À côté de ces deux révolutions, analytique et géométrique, il convient d'insister sur la *tendance* croissante à l'abstraction. Celle-ci fut diversement favorisée sur la période : à la fois par des préoccupations de plus en plus « structurales » (ainsi l'examen des conditions de compatibilité logique des axiomes d'une géométrie non-euclidienne), par la naissance de la nouvelle logique mathématique depuis Boole jusqu'à Frege[14], mais aussi par une tendance formalisante visible dans le renouvellement d'approches hypothético-déductives dissociant de plus en plus les signes et symboles mathématiques du *sens* qu'il convient de leur attribuer.

Cette tendance générale va en effet progressivement instituer l'indépendance primitive des signes à l'égard du sens, et procéder à une *internalisation* des objets au

13. N. Bourbaki, *Eléments d'histoire des mathématiques,* Paris, Masson, 1984, p. 174.

14. George Boole (1815-1864), logicien, mathématicien et philosophe britannique initiateur d'une nouvelle logique inspirée de l'algèbre, auteur en 1854 de *An Investigation Into the Laws of Thought, on Which are Founded the Mathematical Theories of Logic and Probabilities* (*Les lois de la pensée pure*) ; Gottlob Frege* (1848-1925), logicien-philosophe allemand auteur, en 1879, de la *Begriffschrift* (*Idéographie*).

discours mathématique, c'est-à-dire faire provenir le sens des structures, et non des référents que ce discours était censé viser : de connaissance d'objets spécifiques, le discours mathématique va de plus en plus apparaître comme *calcul réglé*, c'est-à-dire comme une procédure soumettant chacune de ses étapes à des règles préalablement fixées, sans égard pour de quelconques potentiels objets extérieurs. La refonte axiomatique de la géométrie euclidienne par Hilbert dans les *Fondements de la géométrie* en 1899 inaugure véritablement cette nouvelle approche structurale et formaliste.

1.4.- La « crise des fondements » de la logique et des mathématiques : 1902-1931

Le déclencheur de la crise, ce sont les contradictions ou « paradoxes » de la première théorie des ensembles due à Cantor, Dedekind et Frege, contradictions découlant de l'indéfinition de la notion d'ensemble, ainsi que Russell le démontre au sujet du système de Frege[15]. Dans la formulation la plus courante, ces systèmes permettent de construire des ensembles paradoxaux parce qu'ils ne restreignent pas suffisamment les modes légitimes de construction.

La construction de « l'ensemble E des ensembles qui ne s'appartiennent pas à eux-mêmes » illustre bien le problème : E étant lui-même un ensemble, on a le droit de se demander s'il s'appartient ou non, lui aussi, à lui-même. S'il s'appartient à lui-même, en vertu de sa définition il ne s'appartient pas à lui-même. Réciproquement, s'il ne

15. B. Russell, Lettre à Frege du 16 juin 1902, repris dans Jean van Heijenoort, *From Frege to Gödel, a Source book in Mathematical Logic 1879-1931,* Cambridge Mass., Harvard University Press, ed. 2000, pp. 124-125.

s'appartient pas à lui-même, alors, en vertu de sa définition, il s'appartient à lui-même. D'où la contradiction, qui ébranle les dispositifs dans leurs fondements mêmes.

Remettons ceci en perspective. En réalité ce qui est sous-jacent à cette crise est séculaire : la tradition de la philosophie mathématique transmet en effet depuis Platon et Aristote d'un côté, Pythagore et Euclide de l'autre, plusieurs grandes interrogations.

La première est celle de la nature des « objets » mathématiques, de leur type d'existence, et des moyens que nous avons de les saisir et de les exhiber dans le champ de la connaissance partagée. Sont-ils à « découvrir », et par quels moyens ? Ou sont-ils à « construire », et, de même, par quelles méthodes, quels actes déterminés ? Et d'ailleurs, tous les « objets » mathématiques sont-ils par principe à envisager de la même façon ? Et si certains objets sont à « découvrir », en entendant par là qu'ils « existent » à un titre ou un autre, indépendamment de la conscience et de la connaissance que nous pouvons en prendre, ne faut-il pas pour autant fixer des méthodes légales, des juridictions rationnelles qui, seules, attesteront que la « découverte » est effective ?

Autrement dit montrer *en raison* que nous avons « découvert » tel objet et ses propriétés, ou certaines d'entre elles, n'est-ce pas livrer à l'auditoire virtuel de la « découverte » les moyens de le « re-construire » ? Et si c'est tel est le cas, n'est-ce pas alors l'activité créatrice, entendue non pas comme pure liberté agissante, mais comme construction normée, qui devient le critère d'existence même de l'objet, auquel cas, exister ce serait *être construit* ou constructible ?

La question de l'unité et de la traductibilité des résultats et méthodes des diverses branches de la mathématique, comme celle des conditions auxquelles toute théorie doit se soumettre pour être légitime, se sont également posées à nouveau avec la même acuité pendant le premier tiers du XXe siècle, avec tout un ensemble de questions dérivées : qu'est-ce qu'une bonne définition ? Qu'est-ce qu'une bonne preuve ? Etc.

1.5.- Logicisme, intuitionnisme, formalisme

Trois grands courants de pensée ont dominé ces controverses. Même s'il important d'avoir à l'esprit que chacun d'eux est bien plus subtil et moins homogène que ce qui en est couramment dit, et qu'ils se sont entrecroisés et influencés mutuellement, on peut les distinguer de la façon suivante.

Le courant *logiciste*, lancé par Frege et Russell dans la foulée de leur critique de la syllogistique antique à la fin du XIXe siècle, défendu par Couturat[16] en France, puis approfondi et élargi par le Cercle de Vienne (également dénommé néo-positivisme ou positivisme logique) à partir de 1924 jusqu'après la seconde guerre mondiale, a eu notamment Carnap[17] comme figure de proue, et Wittgenstein comme référence centrale. Pour l'essentiel, ce courant affirme que les concepts essentiels des mathématiques sont réductibles à la logique, et que l'ensemble des systèmes formels est une extension purement hypothético-déductive d'un principe de cohérence interne.

Le courant *intuitionniste*, lancé par L. J. Brouwer, poursuivi entre autres par Weyl[18], affirme que toute

16. Louis Couturat (1868-1914), philosophe et mathématicien français, auteur notamment de *De l'infini mathématique* (1896).

17. Rudolf Carnap* (1881-1970), philosophe, logicien, d'origine allemande.

18. Luitzen J. Brouwer (1881-1966), mathématicien hollandais ; Hermann Weyl (1885-1955), mathématicien et physicien allemand.

existence mathématique repose sur une méthode de construction effective, c'est-à-dire procédant en un nombre fini d'étapes dans toute preuve. Dépendant chez Brouwer, en dernière instance, de l'intuition de la temporalité comme flux concret, cette effectivité renvoie plus largement à une exigence de constructivité, la non-contradiction syntaxique n'étant pas synonyme d'existence pour les objets considérés – un objet n'existe que lorsqu'il est construit, d'où l'appellation générique de « constructivisme ».

A noter : les intuitionnistes sont très réservés à l'égard du principe du tiers-exclu[19] dans le cas d'ensembles infinis d'objets, puisqu'alors on ne dispose pas d'algorithme (de procédure codifiée) réel de vérification, c'est-à-dire d'un procédé calculatoire capable, en un nombre fini d'étapes soumises à des règles, permettant de vérifier pour tous les objets (puisqu'il y en a une infinité) que ceux-ci possèdent bien ou non telle ou telle propriété, ou de construire concrètement chacun de ces objets conformément aux propriétés qui sont ou pourraient être exigées d'eux.

Le courant dit *formaliste,* enfin, lancé par Hilbert. Abusivement réduit à la thèse selon laquelle tout calcul n'est qu'un « jeu » sur des « signes » matériels, ce courant défend néanmoins l'idée, contre l'intuitionnisme, que l'existence d'un objet (plan sémantique) repose avant tout sur la non-contradiction (syntaxique) du système axiomatique au sein duquel les opérations démonstratives sont menées. Cela signifie qu'à partir du moment où les structures, les ensembles de relations définissant le système, ne sont pas contradictoires, le formaliste

19. Le principe du tiers-exclu énonce que tout énoncé convenablement formé dans une théorie est soit vrai, soit faux, sans tierce possibilité.

estime que les objets ou éléments donnant corps à ces relations structurelles existent de façon automatique.

Malgré cette différence, le formaliste partage avec Brouwer un certain anti-platonisme *mathématique* : selon leurs deux orientations, ils récusent l'idée que tels ou tels objets appartiendraient à un monde abstrait spécifique et autonome, c'est-à-dire extérieur, que le système formel aurait à retrouver ou découvrir, et tiennent que ce sont les capacités structurelles et techniques du système qui conditionnent de l'intérieur l'affirmation selon laquelle ces objets existent.

C'est dans *Considérations sur la logique mathématique*[20] en particulier que Lautman examine ces trois courants et les évalue, texte où il souligne de surcroît la proximité de l'intuitionnisme et de la phénoménologie, en raison du fait que les deux renvoient l'être mathématique aux actes d'un sujet constituant[21], que ce sujet soit simplement le mathématicien concret, ou le sujet transcendantal (chez Husserl[22]). Il rappelle aussi qu'entre ces exigences constructivistes, et l'idée de pures structures axiomatiques en soi, les hilbertiens instaurent une sorte de « schématisme » intermédiaire[23], au sens où les signes ont un rôle dé-

20. *Considérations*, pp. 42-46.

21. *Ibid.*, p. 43.

22. Weyl fut le gendre de Husserl.

23. *Ibid.*, p. 46. Le terme de « schématisme » fait référence à Kant (cf. chap. IV, où ce terme est expliqué en contexte) mais l'idée est ici plus générale. C'est l'idée d'« intermédiaire » qui importe. Les signes (comme les « schèmes » chez Kant) sont à mi-chemin entre deux plans dont ils assurent la jonction : d'un côté le plan matériel et graphique, et même syntaxique, de l'autre le plan conceptuel ou sémantique. Au sens large, on peut entendre cette formule par analogie avec le signe langagier qui est l'interface entre le monde physique (processus visuels et auditifs en particulier) et l'univers des significations.

terminant : ils ne sont pas les symboles d'un au-delà subjectif ou objectif, ils ne sauraient être, sans plus, de simples traces graphiques sur du papier, avec lesquelles on jouerait.

Les débats et controverses qui ont animé ces trois courants dans le cadre de la « crise des fondements des mathématiques » ont été nombreux, vifs, et très variés comme on l'entrevoit, s'interrogeant autant sur ce que sont les objets logico-mathématiques, les procédures de preuves légitimes, ou encore les rapports entre les différentes disciplines du domaine. Crise féconde, par conséquent : la question est alors de comprendre pourquoi l'année 1931 peut à bon droit être considérée comme la clôture de cette crise, c'est-à-dire comme un moment introduisant à une nouvelle ère pour l'interrogation sur les principes de ces disciplines. Les remarques de la section suivante sont consacrées à cette question, et c'est par la notion de « métamathématique » forgée par Hilbert que nous les introduisons.

2.- La Métamathématique de Hilbert

2.1.- Le double programme de Hilbert

Après avoir travaillé dans tous les domaines des mathématiques[24], Hilbert s'est consacré à un programme touchant les fondements des mathématiques, selon une double inspiration, axiomatique et formaliste, qui a ouvert la voie au règne des mathématiques abstraites incarnées par l'algèbre allemande de la première moi-

24. Cf. P. Cassou-Noguès, *Hilbert*, Paris, Les Belles-Lettres, 2001.

tié du XXe siècle. Ce programme possède deux faces complémentaires.

1) La première, c'est l'exigence d'une formalisation et d'une axiomatisation complètes des théories. Les théories à venir comme les théories existantes doivent être reconstruites sous forme axiomatique, c'est-à-dire de sorte que les axiomes de base soient soigneusement distingués des théorèmes et propositions variés qui pourront, moyennant des règles d'inférence précises, en être déduits. Afin que rien ne reste dans l'ombre, inanalysé et flou, il faut dès lors redéfinir *intégralement* les « objets » sur lesquelles une théorie porte : pour ce faire, il suffit d'évacuer toute référence à un « au-delà » des théories, et de stipuler que les objets sont *ceux qui satisfont au système d'axiomes de la théorie*. Les objets sont ainsi implicitement définis par les axiomes.

À partir de cette formalisation intégrale, les démonstrations peuvent être conduites sans égard particulier pour le sens et le contenu des éléments (termes, notions, etc.) mobilisés : transformées en combinatoires formelles, elles deviennent aisément vérifiables. Une démonstration, c'est une séquence de formules écrites conformément à des règles.

Une accentuation de ce formalisme tend à faire d'une démonstration un simple jeu sur des signes, et semble véhiculer une dimension strictement conventionnelle, voire arbitraire. Mais ce n'est pas le cas : une théorie ainsi axiomatisée et formalisée, surtout s'il s'agit d'une théorie antérieurement existante, doit retrouver toutes les connaissances déjà possédées, ce que fait Hilbert avec la géométrie euclidienne dans ses *Fondements de la géométrie*.

2) En second lieu, il faut s'assurer que les théories ainsi axiomatisées et formalisées sont réellement fécondes : elles ne doivent pas être contradictoires (ou encore inconsistantes), c'est-à-dire qu'on ne doit pas pouvoir démontrer en elles une formule et sa négation, par exemple une formule qui serait contradictoire avec l'un des axiomes. S'assurer de la conformité de ces démonstrations à cette exigence générale exige une nouvelle instance de vérification, une *théorie de la démonstration* particulière, qui ne sera pas une théorie parmi les autres. Au contraire, celle-ci va *prendre pour objet les théories mêmes et les démonstrations qu'elles rendent possibles.* Cette nouvelle instance, c'est la « métamathématique ».

L'enjeu de ce double programme est de taille. Bon nombre des théories formalisées ou à formaliser utilisent l'*infini*, qui est une source traditionnelle de difficultés et d'interprétations diverses, et de débat sur ce qui en est ou pas un usage légitime. Transformer les théories, par l'axiomatisation et la formalisation, en ensembles de formules transparentes comparables à des jeux sur des signes, c'est un moyen de limiter les effets pervers dus à cette présence de l'infini. Le principe consiste à remplacer l'infini *actuel* (c'est-à-dire posé comme totalité en acte, réalité effective, contrairement à l'infini *potentiel* qui est seulement celui du +1 que l'on peut rajouter indéfiniment à un nombre donné) par une combinaison de symboles.

Du fait qu'elle n'est pas « formelle » en ce sens, la métamathématique devra utiliser des moyens finitistes, c'est-à-dire au maximum l'infini potentiel. C'est par ce biais qu'elle va s'assurer qu'il n'y a pas de contradiction dans ces théories, et plus généralement tâcher d'établir des propriétés comme la consistance, la complétude, la décidabilité, la catégoricité[25], etc. Et si ce programme est particulièrement révolutionnaire, c'est bien parce que parmi les vingt-trois problèmes qu'Hilbert avait listés lors de sa conférence de 1900 sur « Les problèmes futurs des mathématiques »[26], le second était le suivant : démontrer de façon *absolue*, c'est-à-dire sans présupposer la validité d'une autre théorie (on parle alors de démonstration « relative »), la consistance de l'arithmétique par de tels moyens finitistes.

La métamathématique est la science des relations et propositions mathématiques formalisées organisées en théories, entendues comme combinaisons de signes qui sont objet d'intuition, au sens simple de la perception, par le mathématicien. Cette science déductive ne procède pas *stricto sensu* à des démonstrations mathématiques : en effet, si l'on considère l'énoncé « les mathématiques ne sont pas contradictoires », ou « les mathématiques sont décidables » (tout y est démontrable ou réfutable[27]), son énonciation s'opère d'un lieu

25. En logique mathématique, une théorie (un système d'axiomes muni de règles d'inférence), est *consistante* si elle n'est pas contradictoire, c'est-à-dire si elle ne permet pas de déduire à la fois une formule et sa négation. La notion de complétude, elle, est très vaste. En gros, une théorie *complète* maîtrise clairement la sémantique attendue, c'est-à-dire que toute formule y est bien déterminée : soit elle est démontrable, soit sa négation est démontrable. Une théorie est *décidable* si pour toute formule de la théorie il existe soit une procédure de démonstration, soit une procédure de réfutation (ce qui est très proche de la complétude). Une théorie est *catégorique*, enfin, si tous ses modèles (domaines d'objets, c'est-à-dire interprétations sémantiques) sont isomorphes, c'est-à-dire de même structure.

26. D. Hilbert, *Sur les problèmes futurs des mathématiques (Les 23 problèmes)*, tr. fr., Paris, Gabay, 1990.

27. Cf. *Considérations*, p. 44 et Congrès, p. 55.

autre que les mathématiques elles-mêmes, puisqu'il porte sur elles. Un tel énoncé n'a donc pas vocation à intervenir dans une théorie mathématique particulière. Mais rien n'empêche, et telle est bien l'ambition hilbertienne, de formaliser cette science même comme l'arithmétique ou la géométrie euclidienne.

Cette métamathématique étudie donc avec une rigueur incomparable le mécanisme général des démonstrations mathématiques : c'est en ce sens qu'elle est « théorie de la démonstration » (*Beweistheorie*). Certes, la métamathématique n'est pas formelle en ce sens radical où les théories le sont : elle porte bien sur un contenu qui ne lui est pas propre, à savoir les démonstrations et structures de ces théories. Mais cela ne pose pas de problème puisque les moyens qu'elle utilise sont finitistes.

Bref, la métamathématique apparaît comme lieu de fondation des théories, au sens où elle établit la preuve de leur fécondité : la dimension révolutionnaire du programme tient à ce que Hilbert voulait que ce plan fonctionnât lui aussi sur le mode du calcul. *Son ambition était donc celle d'une réduction technique du problème du fondement, c'est-à-dire ni plus ni moins que l'ambition d'une* auto-fondation *dans le plan métamathématique de l'ensemble des sciences mathématiques.*

Tel est le contexte général dans lequel Lautman élabore sa vision originale des mathématiques : même s'il s'intéresse assez peu à la crise des fondements *stricto sensu*, ces grandes réorientations et mises en question sont la toile de fond de ses recherches, comme en témoigne explicitement le titre de sa seconde thèse de 1937, « Essai sur l'unité des mathématiques dans leur développement actuel ». Il faut préciser maintenant comment il intervient et dans quel contexte précis il le fait : 1) par un moyen particulier, une réinterprétation *métaphysique* de la « métamathématique » de Hilbert ; 2) dans un cadre intellectuel particulier, l'épistémologie rationaliste « dialectique » alors en vogue en France ; 3) dans la foulée d'un événement mathématique particulier, le théorème d'incomplétude de Gödel.

2.2.- De la métamathématique à la dialectique

Le théorème d'incomplétude que démontre Gödel en 1931 stipule que dans tout système formel possédant une puissance d'expression supérieure ou égale à celle de l'arithmétique élémentaire, ou contenant ce système (ainsi le système des *Principia Mathematica* de Russell et Whitehead[28]), on peut construire des propositions « indécidables », c'est-à-dire ni démontrables ni réfutables au moyen dudit système. Pour effectuer une telle démonstration, il faudrait un système plus puissant, ce qui engagerait une régression – ou une fuite – vers l'infini.

Pour toute une classe de théories, le théorème démontre donc qu'*il existe des propositions que l'on peut considérer comme vraies, du point de vue métamathématique en particulier, mais qui sont* techniquement *indémontrables.* Or cela démontre l'impossibilité de l'autofondation de la mathématique visée par Hilbert : voilà la raison pour laquelle 1931 marque une forme de clôture de la crise des fondements, et l'ouverture à une nouvelle période de réflexion.

28. Alfred North Whitehead (1861-1947), philosophe, logicien et mathématicien britannique, auteur notamment de *A Treatise on Universel Algebra* (1898), *Science and the Modern World* (1925, *La science et le monde moderne*), et d'une cosmologie centrée sur la notion d'évènement dans *Process and Reality* (1929, *Procès et réalité*).

En effet, du fait de ce théorème, le programme de Hilbert ne pouvait être poursuivi que par des voies *non techniques*, ce qui impliquait des choix conceptuels et donc des décisions ou des arguments de type *philosophique* : c'est là qu'intervient Lautman. Sa stratégie, c'est la reprise de l'ambition hilbertienne, trouver un « fondement » à la diversité des théories mathématiques, mais avec les moyens de la philosophie :

> « *Dans la métamathématique d'Hilbert, on se propose d'examiner les théories mathématiques du point de vue des notions logiques de non-contradiction et d'achèvement*[29], *mais ce n'est là qu'un idéal vers lequel s'orientent les recherches, et l'on sait à quel point cet idéal apparaît actuellement comme difficile à atteindre. La métamathématique peut ainsi envisager l'idée de certaines structures parfaites, réalisables éventuellement par des théories mathématiques effectives…*
>
> *Il nous a paru cependant possible d'envisager d'autres notions logiques, susceptibles également d'être éventuellement reliées l'une à l'autre au sein d'une théorie mathématique et qui sont telles que, contrairement aux cas précédents, les solutions mathématiques des problèmes qu'elles posent puissent comporter une infinité de degrés. Des résultats partiels, des rapprochements arrêtés à mi-chemin, des essais qui ressemblent encore à des tâtonnements, s'organisent sous l'unité d'un même thème, et laissent apercevoir dans leur mouvement une liaison qui se dessine entre certaines idées abstraites que nous proposons d'appeler dialectiques. Les mathématiques, et surtout les mathématiques modernes, algèbre, théorie des groupes, topologie, nous ont paru ainsi raconter, mêlée aux constructions auxquelles s'intéresse le mathématicien, une autre histoire plus cachée, et faite pour le philosophe. Une action dialectique se joue constamment à l'arrière-plan…* »[30]

29. C'est-à-dire respectivement consistance et complétude.
30. ESE, p. 131 – nous soulignons.

Quelles sont donc ces « autres notions logiques » ? Quel est donc ce « thème » dont l'« unité » semble donner sens à la prolifération scientifique ? Quelle est donc cette « histoire plus cachée », « à l'arrière-plan », qui semble concerner « certaines idées abstraites » appelées « dialectiques » et qui semblent gouverner ce « thème » ? Et en quoi tout cela est-il « fait pour le philosophe » ? Quelle est donc la nature de cette « action dialectique » ?

3.- Le rationalisme dialectique « à la française »

3.1.- Le dialogue inavoué avec Hegel et Kant

Toutes ces transformations ont imposé l'idée que *le vrai a une histoire*. La conception continuiste de l'histoire des sciences de Pierre Duhem[31], en partie issue du positivisme de Comte, avait certes marqué les esprits, mais un autre courant, opposé au positivisme et au spiritualisme, remontant au milieu du XIXe siècle, issu de V. Cousin puis C. Renouvier, passant O. Hamelin[32], jusqu'à Brunschvicg même, a également joué un rôle central. Il est issu en partie de la digestion de l'hégélianisme par ces post-kantiens. Depuis l'« éclectisme » de Cousin, deux traits majeurs de la dialectique

31. Pierre Duhem (1861-1916), chimiste et philosophe des sciences, auteur notamment de *La théorie physique ; son objet, sa structure* (1906), et de *Essai sur la notion de théorie physique de Platon à Galilée* (1908).

32. Victor Cousin (1792-1867), spiritualiste et penseur de l'« éclectisme », Charles Renouvier (1815-1903), défenseur d'un nouveau criticisme dans le sillage de Kant, Octave Hamelin (1856-1907), spécialistes des pensées grecques et auteur d'un *Essai sur les éléments principaux de la représentation* (1907), sont des philosophes français.

hégélienne sont refusés ou minimisés : sa systématicité et son idéalisme métaphysique d'une part, la primauté de la négativité et de la contradiction objective dans l'examen de toute forme de processus, d'autre part. Mais le terme de « dialectique » n'en sera pas moins présent, témoignant d'une jonction de principe entre rationalité et historicité, quoique cela s'opère sous l'angle plus général de la « méthode » (contre le système) et de son aspect spirituel, proprement humain[33].

L'autre référence, c'est la philosophie transcendantale de Kant. Bien que celle-ci soit rejetée dans sa forme inaugurale, les structures *a priori* de la connaissance mises en relief par celui-ci étant trop rigides pour être adéquates aux avancées des nouvelles sciences, ce courant reconduit sa posture majeure, sans pour autant, là encore, toujours bien l'assumer : celle selon laquelle la connaissance est d'abord un processus de construction de *l'objectivité* plutôt qu'une connaissance d'objets subsistant par eux-mêmes de façon indépendante.

Ce double dialogue plus ou moins implicite avec Hegel et Kant, sur fond révolutionnaire, est dominé par le souci de penser le *devenir* et la *plasticité* de la connaissance scientifique[34], c'est-à-dire d'« *historiciser » le transcendantal* pour le délivrer de son insoute-

33. La réintroduction de Hegel en France sous ces angles provient des cours sur la *Phénoménologie de l'esprit*, dispensés de 1933 à 1939 dans son séminaire parisien de l'Ecole Pratique des Hautes Etudes, par Alexandre Kojève (1902-1968), philosophe français d'origine russe. Les notes prises par R. Queneau fourniront l'essentiel de son *Introduction à la lecture de Hegel* (Paris, Gallimard, 1947).

34. Cf. B. Bourgeois, « L'idée dialectique dans la pensée française au XXe siècle », et A. Tosel, « Matérialisme, dialectique et "rationalisme moderne". La philosophie des sciences à la française et le marxisme (1931-1945) », dans J.-F. Mattei (éd.), *Philosopher en français*, Paris, PUF, 2001, respectivement pp. 45-57 et pp. 387-407.

nable rigidité. Par ailleurs, franchement opposés au néo-positivisme du Cercle de Vienne, les protagonistes essentiels de ce courant seront Bachelard, Gonseth, Cavaillès, et Lautman – G.-G. Granger et J.-T. Desanti[35] en seront les héritiers.

L'usage du terme « dialectique », très présent chez Bachelard, surabondant chez Gonseth, discret mais puissant chez Cavaillès, central chez Lautman, recouvre des significations très diverses. La période n'est ni celle d'un néo-hégélianisme, ni d'une conception provenant de Marx et Engels (bien que le « matérialisme dialectique » ait fortement nourri certains scientifiques de l'époque, comme P. Langevin[36]) : dans les années 1930, ce terme dénote, bien plus qu'une méthode ou un ensemble de concepts bien déterminés, essentiellement une « bannière », à la fois symptôme et indice de ce double dialogue, vocable à vocation essentiellement *descriptive*.

Au cours de la discussion qui a suivi les exposés de Cavaillès et Lautman à la Société Française de Philosophie en 1939, cette polysémie du terme « dialectique » avait d'ailleurs déjà été partiellement pointée par J. Hyppolyte[37]. Celui-ci distingue trois acceptions du

35. Ferdinand Gonseth* (1890-1975), philosophe et mathématicien suisse ; Jean-Toussaint Desanti (1914-2002), philosophe français, auteur notamment de *Les idéalités mathématiques* (1968) ; Gilles-Gaston Granger (1920-), philosophe français défenseur d'un important programme d'épistémologie comparée, auteur notamment de *Pensée formelle et sciences de l'homme* (1960), *Essai d'une philosophie du style* (1967), et de *Pour la connaissance philosophique* (1987).

36. Paul Langevin (1872-1946), physicien français, spécialiste de la théorie du magnétisme et promoteur en France, dès le début du XXe siècle de la théorie de la relativité restreinte d'Einstein.

37. PM, pp. 619-20. Jean Hyppolite (1907-1968), philosophe français spécialiste de Hegel (on lui doit la première traduction française de la *Phénoménologie de l'Esprit*), disciple de Kojève.

terme : (i) la première, la seule qu'il accepte, et qui est aussi celle de Cavaillès, est celle de l'expérience mathématique conciliant la contingence apparente et la nécessité fondamentale de leur développement. (ii) La seconde, c'est celle du sens courant et vague de l'époque : celle de l'articulation théorique et historique de contraires (logiques ou non) : forme/matière, continu/discontinu etc. Ici, les « contraires » sont le plus souvent vus comme des pôles complémentaires ou en « corrélation », et non en « contradiction » comme chez Hegel ou Marx. (iii) Le dernier sens, le plus radical des trois, c'est son acception platonicienne revisitée par Lautman.

Ce qui singularise Lautman, c'est que pour lui la dialectique n'est pas seulement un mode d'exposition, une technique voire une rhétorique descriptive : c'est une métaphysique. Corrélativement, cette « action dialectique » qui est censée rendre raison de la productivité mathématique, doit être pensée en partie *au-delà* de sa dimension historique. Il se désolidarise, par là, à la fois de son maître Brunschvicg et de son ami Cavaillès.

3.2.- Questions de méthode : au-delà de Brunschvicg et Cavaillès

Lautman reconnaît sans difficulté son immense dette à l'égard de Léon Brunschvicg, qui a marqué toute sa génération :

> « *La lecture des* Etapes de la philosophie mathématique *[1912] enseigne au philosophe à associer de façon indissoluble l'élaboration, ou même seulement la compréhension des théories mathématiques et l'expérience que l'in-*

telligence y fait de son propre pouvoir. Toute tentative logique[38] *qui prétendrait dominer* a priori *le développement des mathématiques, méconnaît donc la nature essentielle de la vérité mathématique, car celle-ci est liée à l'activité créatrice de l'esprit, et participe de son caractère temporel* »[39].

Selon Brunschvicg, la vérité se produit en régime d'inadéquation, résultat synthétique d'une tension à l'œuvre entre des pôles : ainsi celui de l'intelligence et celui de l'objet, dont le lien est assuré par l'activité de jugement. Le fonctionnement binaire de ces pôles est producteur d'un savoir essentiellement historique, et l'articulation entre nécessité et liberté qui s'y attache se traduit dans le fait que les savants créent sans arbitraire. Leurs créations obéissent à des règles, c'est-à-dire s'effectuent dans le cadre d'une théorie qui prescrit la *forme possible* d'une solution aux énigmes qui se posent à et en elles.

Ce jeu dialectique entre une « raison constituante » et une « raison constituée » explique la possibilité de l'innovation, dans un espace de possibles circonscrit et englobé par une structure théorique générale assez stable pour préformer la solution, mais assez ouverte pour ne pas stériliser la recherche. La philosophie ne peut donc chercher la vérité que dans l'histoire des productions de la raison.

Or en réinscrivant cette dynamique dans une métaphysique dialectique, Lautman *se décentre de l'épistémologie historique*. Même si l'histoire factuelle des mathématiques est faite de créations, de nouveautés dont aucune causalité linéaire ne saurait rendre compte, la genèse des mathématiques à partir des Idées dialecti-

38. Entendre « logiciste ».
39. ESE p. 227, cf. aussi pp. 128-129, et Rapport Bouglé, p. 2.

ques n'est pas chronologique : c'est rétrospectivement, seulement, que l'on peut voir en cette histoire un développement rationnel et intelligible. Ce n'est pas que Lautman conteste la pertinence d'une épistémologie historique, au contraire. Mais elle n'est qu'un instrument au service d'un objectif autre. Son traitement des exemples mathématiques est *ordonné au dévoilement de l'unité des théories, par l'illustration non historique, répétée et variée, de la domination de celles-ci par les Idées.*

Ainsi le problème que se pose Lautman, c'est celui d'une nécessité rationnelle que l'histoire, au-delà de sa contingence, serait capable d'attester. C'est bien là la grande convergence de ces deux « pionniers »[40] de la philosophie mathématique que sont Lautman et Cavaillès.

On l'a rappelé en introduction, le parcours de Lautman fut non seulement analogue, mais directement associé à celui de Jean Cavaillès[41]. Cette proximité se traduit dans leurs conceptions respectives, étroitement liées, de l'« expérience mathématique »[42]. Leur lecture de l'histoire récente des mathématiques est identique, et ils s'accordent sur les structures algébriques comme sur la méthode axiomatique érigée par Hilbert en « guide » de la rationalité mathématique. Recon-

40. Cf. G.-G. Granger, « Cavaillès et Lautman : deux pionniers », *Revue philosophique de la France et de l'étranger*, n° 3, 2002, *Philosopher en France (1940-1944)*.

41. Cf. Suzanne Lautman – son épouse –, notice introductive à SD (EO), pp. 3-8, et les lettres de Cavaillès à Lautman dans le n° spécial de la *Revue d'histoire des* sciences, XL (1), 1987, ainsi que J. Lautman – son fils –, Présentation de *MIR* pp. 7-13, et « Jean Cavaillès et Albert Lautman : proximités et distances », *L'archicube*, n° 2, juin 2007.

42. Cf. P. Cassou-Noguès, *De l'expérience mathématique. Essai sur la philosophie des sciences de Jean Cavaillès*, Paris, Vrin, 2001.

naissant conjointement la nécessité de poursuivre le programme hilbertien autrement que par la voie technique, en partant du progrès concret de la science mathématique, ils sont également convaincus que le vrai et le faux ne se déterminent que de façon immanente aux mathématiques, selon des critères par définition affectés par l'histoire. De même partagent-ils la vue selon laquelle l'expérience mathématique n'est pas la simple découverte d'un royaume d'objets abstraits indépendants des pratiques des « travailleurs de la preuve » (Bachelard) :

> « *Qu'est-ce, pour un objet, qu'exister ? Ici, nous nous trouvons en présence du fait que le type même de la connaissance certaine, rigoureuse, qui est justement la connaissance mathématique, nous empêche de poser des objets comme existant indépendamment du système accompli sur ces objets et même indépendamment d'un enchaînement nécessaire à partir du début même de l'activité humaine* »[43].

Pourtant Lautman et Cavaillès vont diverger sur le sens et l'interprétation de « ce dont » cette expérience est véritablement l'expérience. Et cette divergence va les conduire à pratiquer des philosophies mathématiques différentes. Celle de Cavaillès[44] est axée sur la restitution (dense et laconique) de la nécessité conceptuelle du devenir mathématique, par-delà les enchaînements factuels qui lui servent néanmoins de fil conducteur, par exemple dans ses *Remarques sur la formation de la théorie abstraite des ensembles* (1938). Émergent alors de

43. PM, p. 604.
44. Cf. H. Sinaceur, *Jean Cavaillès. Philosophie mathématique*, Paris, PUF, 1994.

façon immanente à l'exposé les questions plus générales de la connaissance : *Sur la logique et la théorie de la science*, son dernier ouvrage, écrit en prison et publié à titre posthume en 1947, illustre bien cette progression théorique.

Le discours de Lautman au contraire n'est aucunement dominé par un fil conducteur historique. Il dialogue en permanence avec l'histoire, mais ce n'est elle seule qui peut rendre raison du progrès des mathématiques :

> « *Il ne me reste qu'à répondre à M. Cavaillès. Le point précis de notre désaccord porte, non pas sur la nature de l'expérience mathématique, mais sur son sens et sa portée. Que cette expérience soit la condition* sine qua non *de la pensée mathématique, cela est certain, mais je crois qu'il faut trouver dans l'expérience* autre chose et plus que l'expérience[45] *; il faut, saisir, au-delà des circonstances temporelles de la découverte, la réalité idéale qui est seule capable de donner son sens et sa valeur à l'expérience mathématique. Je conçois cette réalité idéale comme indépendante de l'activité de l'esprit, qui n'intervient, à mon avis, que lorsqu'il s'agit de créer des mathématiques effectives ; les mathématiques appartiennent bien au domaine de l'action,* mais la dialectique est avant tout un univers à contempler, dont le spectacle admirable justifie et récompense les longs efforts de l'esprit »[46].

Contre Cavaillès, malgré leur accord sur « la légitimité d'une théorie des structures abstraites, indépendantes des objets reliés entre eux par ces structures », les mathématiques ne prennent tout leur sens pour Lautman que si l'on y voit, selon la thèse platonicien-

45. Nous soulignons.
46. Conclusion de PM, p. 630 – nous soulignons.

ne, l'actualisation d'une réalité ontologique supérieure. Quelle est cette « réalité idéale » « indépendante de l'activité de l'esprit » qui est « seule capable de donner son sens et sa valeur à l'expérience mathématique » ? L'objet du chapitre suivant est d'éclairer à un premier niveau ce concept de réalité.

II

Du réel en mathématiques

« ... L'être mathématique tel que nous le concevons n'est pas sans analogie avec un être vivant... »[1]

Ce chapitre présente la conception d'ensemble de Lautman telle qu'elle apparaît : une lecture métaphysique du rapport organique qu'entretiennent entre elles les théories mathématiques dans leur diversité, et de l'unité qui sous-tend cette diversité et ce caractère organique. Cette unité, c'est celle des « Idées », terme qu'il reprend à Platon, et qui sont « situées » dans une dialectique supérieure et « dominatrice » par rapport au plan des mathématiques mêmes.

On ne s'attardera pas pour l'instant sur les diverses difficultés, voire les apories qui caractérisent cette vision générale : cela nous occupera longuement au

1. ESE, p. 140.

chapitre III. Nous allons commencer plus « naïvement » dans ce chapitre, et voir comment fonctionne le dispositif dans son ensemble, avec deux fils directeurs majeurs dont on verra les croisements. D'une part la conception que se fait Lautman de « la » réalité (des) mathématique(s), d'autre part la façon dont cette « domination » des théories par les Idées se traduit par le fait que les théories sont, selon lui, autant *d'incarnations*, de *réalisations* de ces Idées qui, en elles-mêmes, restent abstraites.

1.- Faits, êtres, théories et Idées

Lautman aborde le problème de l'existence et de la nature de la réalité mathématique sans unilatéralisme mais, au contraire, en s'efforçant de tenir ensemble les différentes façons qu'a le concret mathématique d'apparaître au mathématicien : parfois sous forme d'objet, c'est-à-dire de quelque chose de bien déterminé, au moment d'une « découverte » par exemple, ou encore comme question localisée dans l'histoire, voire comme énigme récurrente. L'essentiel, pour Lautman, c'est de prendre acte en premier lieu des façons dont le réel mathématique se « donne » au mathématicien, pour tenter ensuite d'articuler entre eux ces divers modes de donation. La réalité mathématique prend pour lui quatre visages principaux :

> « *On peut définir la nature de la réalité mathématique de quatre points de vue différents : le réel, ce sont tantôt les faits mathématiques, tantôt les êtres mathématiques, tantôt les théories et tantôt les Idées qui dominent ces théories. Loin de s'opposer ces quatre conceptions s'intègrent naturellement les unes aux*

autres : les faits consistent dans la découverte d'êtres nouveaux, ces êtres s'organisent en théories et le mouvement de ces théories incarne le schéma des liaisons de certaines Idées »[2].

1.1. - Faits

Faits, êtres, théories, Idées : quatre façons d'« être », d'apparaître ou d'advenir, de « la » réalité mathématique, qui a donc une « nature » multiforme. Examinons ces quatre déterminations dans l'ordre.

Un « fait » mathématique, historiquement contextualisé, c'est par exemple l'énonciation d'un théorème, la production d'une nouvelle démonstration, la formulation d'une hypothèse, ou une « découverte » au sens large du terme. Le fait peut être entendu en deux sens. En un premier sens, un « fait » c'est d'abord un fait *historique*, produisant du neuf dans une communauté de recherche, celle des mathématiciens.

Qualifier un fait de « mathématique » suppose qu'il puisse s'insérer dans le cadre de procédures reconnues comme pertinentes ou légitimes dans la configuration de pensée et de méthodes de cette communauté : un fait n'est pas « mathématique » par lui-même, ce qui en indique une certaine *relativité*. En un second sens, plus profond, un « fait » c'est par exemple l'irrationalité de $\sqrt{2}$, la vérité, la fausseté ou l'indépendance d'une hypothèse (ainsi le postulat des parallèles), etc. Ici le fait est *objectivement mathématique* ; il *s'impose* comme tel, sans livrer d'emblée tout son sens :

2. *Ibid.*, p. 223.

> « *Les nombres irrationnels, l'infiniment petit, les fonctions continues sans dérivées*[3]*, la transcendance*[4] *de e et de π, le transfini*[5] *ont été admis par une incompréhensible nécessité de fait avant qu'on en eût une théorie déductive* »[6].

Ici, un ou des êtres mathématiques surgissent au travers des faits qui portent sur eux. Ce moment de la « découverte » est bien issu de l'activité de l'intelligence, mais celle-ci expérimente à cette occasion quelque chose qu'elle ne crée pas, quelque chose qui s'impose à elle et qu'elle a à décrire. *Elle expérimente une nécessité* :

> « *La réalité des mathématiques n'est pas faite de l'acte de l'intelligence qui crée ou qui comprend, mais c'est dans cet acte qu'elle nous apparaît* »[7].

1.1.1.- La division

La notion de *découverte* (qui invite à penser que ce que l'on découvre préexiste dans un en-soi) et celle d'*invention* (qui suggère au contraire qu'il y a création pure) ont leurs contours trop flous pour servir de façon

3. Cf. § 1.1.1. ci-après.

4. Il existe deux types de nombres irrationnels : les nombres *algébriques*, racines d'un polynôme à coefficients rationnels non nuls, comme la racine carrée de 2, et les nombres *transcendants*, comme π (appelé « constante d'Archimède ») et *e*, qui ne sont racines d'aucune équation polynomiale. Le nombre *e*, « nombre exponentiel » selon l'expression en 1761 de Leonhard Euler (1707-1783), mathématicien suisse, vaut approximativement 2,718 281 828 459 045 235 360 287 4... Charles Hermite (1822-1901), mathématicien français, a démontré sa transcendance en 1873.

5. Les nombres transfinis sont des nombres infinis étudiés par Cantor qui en a élaboré diverses hiérarchies au sein d'une nouvelle arithmétique.

6. ESE, pp. 128-129.

7. RIT, p. 66.

pertinente, puisque le processus peut avoir des causes et prendre des formes diverses. Lautman voit en lui principalement l'œuvre d'un processus de « division » ou de « dissociation », exprimant l'action commune des Idées platoniciennes du Même et de l'Autre[8]. La dissociation peut s'établir entre la *nature* d'un objet, et son *action* dans une théorie, alors que les deux étaient auparavant confondues. Cette dualité est l'expression de la présence de l'Autre dans le Même[9], c'est-à-dire

8. SD, pp. 267-269 et 276.

9. A comparer avec la lecture du théorème de Pythagore, paradoxalement plus hégélienne sur cet exemple précis que le reste du temps, que propose par Bachelard dans *Le rationalisme appliqué*, Paris, PUF, 1949, ch. V, « L'identité continuée », pp. 82-101.

La preuve euclidienne du théorème (*Eléments*, Livre I, proposition 47 : « *Dans les triangles rectangles, le carré* [décrit] *sur le côté sous-tendant l'angle droit est égal aux carrés* [décrits] *sur les côtés contenant l'angle droit* ») repose sur une série d'identifications fondée essentiellement sur l'assimilation de l'égalité entre grandeurs du fait qu'elles sont superposables dans le plan, soit totalement, soit par morceaux.

Cette « ligne d'identités », selon Bachelard, est pour cette raison une identité « continuée », où la réalisation du principe suppose le passage par des éléments auxiliaires autres que lui. Mais la généralisation du théorème à tout polygone régulier (au lieu du carré), effectuée au Livre VI, proposition 31, des *Eléments*, montre selon lui que la « cause profonde » du théorème réside dans la structure même du triangle rectangle, et dans la « régularité » (côtés et angles tous identiques entre eux) des figures constructibles sur ces trois côtés. Cette régularité, c'est ce qu'il appelle un « noumène » mathématique. S'inspirant d'une démonstration de G. Bouligand (1889-1979), mathématicien et philosophe français, il affirme qu'en fait les constructions (carrés, polygones) sur les côtés qui servent à la preuve sont fondamentalement accessoires : aboutir à la saisie de ce noumène, c'est se hisser à l'« intuition du discursif », p. 96.

D'un autre point de vue, ce qui importe à Bachelard sur cet exemple, c'est de montrer que l'histoire du théorème est celle de la perte du « privilège historique » de la démonstration des *Eléments*, au profit de l'établissement du « privilège épistémologique », c'est-à-dire conceptuel, que représente l'accès à cette régularité « noud'une instance de différenciation au sein d'une notion donnée.

Un bon exemple de ce processus de dissociation est celle qui s'est s'opérée entre la *nature* et l'*action* (ou fonction) d'un être mathématique comme le nombre lors de la crise des nombres irrationnels qui provoqua la chute de l'Ecole pythagoricienne. Cette dernière affirmait le primat mathématique, ontologique et cosmologique des nombres entiers et des rapports entre nombres entiers, c'est-à-dire des nombres rationnels : « rationnel » étant à entendre à la fois au sens arithmétique strict, et au sens large où ces nombres sont l'expression et le véhicule de toute rationalité, c'est-à-dire du *logos*. Primat mathématique, au sens où par exemple, la géométrie est fondée sur l'arithmétique ; primat *ontologique*, au sens où le nombre permet de saisir l'essence des choses réelles, voire *est*, par son caractère primitif de multiple composé d'unités, cette essence même ; primat cosmologique enfin, au sens où les structures de l'univers physique se ramènent à des oppositions dont les propriétés seules des nombres entiers rendent raison (le pair et l'impair, etc.).

Le scandale auquel les pythagoriciens durent faire face est le suivant : si l'on considère un carré quelconque, on peut construire de façon simple et rigoureuse les segments qui relient deux à deux ses sommets opposés, qui sont ses diagonales. Or si l'on attribue au côté du carré la mesure 1, que vaut la mesure de la diagonale ? On ne peut pas quantifier cette mesure avec des entiers ou des rapports entre entiers : la grandeur mathématique associée à la diagonale est donc au sens strict incalculable, « a-logos », c'est-à-dire *irrationnelle*,

ménale ». Cette capacité de la science à réorganiser ses principes et passer de la contingence historique à la nécessité conceptuelle, c'est ce que Bachelard nomme sa « récurrence ».

alors que cette diagonale est géométriquement parfaitement constructible[10].

Or toute grandeur géométrique est par principe quantifiable : ici donc, l'existence géométrique déborde la capacité opératoire du nombre pythagoricien. Ce dernier s'avère inapte à assurer plus avant la stabilité de la théorie et répondre aux nouveaux besoins. D'où la dissociation entre la signification *ontologique* et la dimension *opératoire* du nombre, celle-ci étant plus riche que les pythagoriciens ne le pensaient. Pour qu'il soit un instrument adéquat de quantification, le concept de nombre doit alors être étendu : l'indice de la chute du pythagorisme, c'est alors cette *transformation de l'irrationnel*, du scandale, *en nombre*, c'est-à-dire en objet aux propriétés déterminées. Avec cet exemple, on voit que ce qui était confondu se dissocie : l'opératoire a primé sur l'ontologique. Ce qui témoigne, au passage, du fait que le progrès mathématique est d'abord celui d'un *devenir*, plutôt que le fait d'un *être*.

1.1.2.- Exemples

Mais ce processus de genèse de nouveaux concepts par division peut s'effectuer sans qu'il n'y ait crise, mais seulement souci d'approfondissement vers des concepts plus fins. Deux cas simples caractérisent d'abord cette division[11]. Parfois deux propriétés étaient confondues, mais on démontre qu'un cas implique l'une sans l'autre : ces propriétés sont alors distinguées ; ainsi, Weierstrass mettant en évidence des fonctions continues sans déri-

10. La diagonale du carré de côté 1 vaut $\sqrt{2}$, qui est un nombre irrationnel. Voir ici-même, chapitre I, note 3, p. 32.

11. Cf. AMD, p. 71.

vées, dissocie définitivement les concepts de continuité et de dérivabilité d'une fonction[12].

Parfois des éléments possédant une même propriété subissent un « traitement approprié » qui les singularise par de nouvelles propriétés. De même, traitant des cas de l'égalité, de la multiplication, de l'unité, de la mesure liée à l'intégrale, et de la valeur absolue, Lautman montre que le progrès peut plus simplement consister en la distinction de deux aspects d'une même notion :

> *« C'est ainsi que l'égalité arithmétique est la seule relation d'équivalence telle que le dénombrement des individus d'un ensemble se confonde avec le dénombrement des classes d'individus équivalents au sens de cette relation ; de même l'idée de multiplication contient à la fois la formation de produits arithmétiques et l'action d'opérateurs sur un domaine distinct de ces opérateurs ; l'idée d'unité peut être considérée soit du point de vue de l'élément unité d'un anneau de nombres, soit du point de vue de l'opérateur identi-*

12. Jusqu'au milieu du XIXe siècle, il était coutumier de confondre *continuité* et *dérivabilité* (existence d'une dérivée) d'une fonction en un point. Soit une fonction $f(x)$: si pour deux valeurs de x et x_0 et aussi proches que l'on veut (telles que x tend vers x_0, c'est-à-dire telles que leur différence tende vers 0), l'écart des valeurs correspondantes $f(x)$ et $f(x_0)$ de la fonction est aussi petit que l'on veut, on dit que la fonction est continue en x_0. La dérivée de $f(x)$ en x_0, si elle existe, est, elle, une fonction qui se définit comme la limite du quotient $(f(x) - f(x_0)) / (x - x_0)$ quand x tend vers x_0 (cf. chap. I, § 1.1. sur la notion de limite).

Dans la mesure où x et x_0 ne sont pas égaux, mais seulement aussi proches que l'on veut, le fait qu'une fonction soit continue pousse aisément à croire que ce quotient est bien défini, et donc que la dérivée définie par la limite de ce quotient existe aussi, c'est-à-dire que la continuité implique automatiquement la dérivabilité. Sans aller plus loin dans les détails, disons seulement que Weierstrass a donné en 1861 le premier exemple d'une fonction continue nulle part dérivable, montrant ainsi qu'il était nécessaire de dissocier clairement le concept de continuité de celui de dérivabilité.

que d'un domaine d'opérateurs ; la longueur d'un segment est liée à la grandeur qu'elle mesure mais elle n'est qu'un nombre attaché par convention à cette grandeur »[13].

La notion d'« opérateur » désigne ce par quoi l'on institue un nouvel objet (comme un nombre produit) en composant entre eux des éléments distincts d'un domaine donné : au sens large, elle désigne l'instrument d'effectuation d'une opération. Mais dans ce passage, ce qu'il faut retenir, c'est la double dimension, ou le double visage, d'objets ou d'êtres apparemment *uns*.

Soit l'« idée d'unité » : dans un cas, on pense d'abord à l'*élément* tel qu'il apparaît dans un anneau[14]

13. AMD, p. 78.

14. Avec les notions d'*espace vectoriel*, *groupe* et *corps*, l'*anneau* est une des structures algébriques principales. Ces structures algébriques sont au sens strict *définies* sur un ensemble, mais on dit parfois aussi qu'un groupe, ou un corps *« est »* un ensemble muni d'une telle structure.

(*i*) *Principales propriétés communes.* Quand on est capable d'associer à un couple d'éléments $\{x,y\}$ d'un ensemble E un troisième élément xy, on dit qu'on possède une *loi de composition* sur E. Par exemple dans $\mathbb{R}$, la loi $\times$ associe à $\{x,y\}$ l'élément $x \times y$, la loi + associe l'élément $x + y$. Cette loi est commutative si elle est telle que $xy = yx$. Un *élément neutre* pour une telle loi de composition est un élément e tel que $xe = ex = x$. C'est par exemple 0 pour l'addition, 1 pour la multiplication. Un *élément inverse* (ou « opposé ») d'un élément x donné par rapport à une telle loi de composition est un élément x' tel que $xx' = x'x = e$. Par exemple : 2 et – 2 sont inverses pour l'addition puisque $2 + (-2) = (-2) + 2 = 0$; 3 et 1/3 sont inverses pour la multiplication puisque $3 \times 1/3 = 1/3 \times 3 = 1$.

(ii) Principales structures (dans l'ordre de complexité). Un *espace vectoriel*, est un ensemble dont la loi de composition est l'addition de deux vecteurs, et qui permet la multiplication d'un vecteur par un nombre scalaire. Par exemple l'ensemble des vecteurs du plan.

Un *groupe* est un ensemble s'il possède les propriétés suivantes : il est muni d'une loi de composition interne associative L, de nombres, par exemple le *nombre* 1 dans les entiers naturels. Mais dans un autre cas, on voit que cette idée se généralise, et excède son interprétation comme nombre : l'unité devient l'« opérateur identique », c'est-à-dire ce qui, appliqué à un objet (un nombre, une configuration géométrique, etc.), redonne cet objet lui-même. Bref, l'idée d'unité se dédouble entre un être-objet particulier, et un être-opérateur plus général.

Lautman comprend ce dédoublement, ce fait de la division d'une notion, comme effet de l'action de l'Autre dans le Même. C'est donc un procédé très général, que Lautman a soin de préciser comme on va le voir. Ce qui nécessite, maintenant, de se consacrer, après les « faits », aux autres visages de la réalité mathématique.

il possède un élément neutre et tout élément de l'ensemble possède un inverse par L dans G. Si de plus la loi est commutative, on dit que le groupe est commutatif ou « abélien ». Exemples : les rotations dans l'espace euclidien forment un groupe ; $\mathbb{R}$ est un groupe commutatif pour l'addition, mais pas pour la multiplication, puisque 0 n'a pas d'inverse par $\times$. ($\mathbb{N}$, +) n'est pas un groupe pour l'addition, puisque de même aucun entier naturel n'y a d'inverse. En revanche ($\mathbb{Z}$, +) est un groupe pour l'addition, commutatif de surcroît.

Un *anneau* est un groupe commutatif pour l'addition, qui possède une seconde loi de composition associative, distributive par rapport à la première (l'addition), et pour laquelle il existe un élément unité noté 1. Très souvent, les deux lois sont l'addition et la multiplication.

Un *corps* (génériquement noté K pour *Körper* en allemand) est un anneau qui n'est pas réduit à 0, et dont tout élément non nul possède un inverse dans K. Le corps est commutatif si sa seconde loi de composition (la multiplication) est également commutative. $\mathbb{R}$ est un tel corps commutatif.

1.2.- Etres et théories

Lautman parle d'« êtres », terme plus général que celui d'« objets », qui s'« organisent en théories ». Bien comprendre le sens de cette « organisation » est important, une théorie n'étant pas simplement un juxtaposition d'objets et de méthodes : un « être », structure ou objet (un nombre, une fonction, un équation, un espace, une surface, etc.), n'a de sens que parce qu'il prend place dans une théorie, et réciproquement, une théorie ne précède ni ne succède aux êtres qu'elle contient. *Etres et théories sont coextensifs*[15].

Comme Cavaillès, Lautman professe un anti-réalisme des objets ou « êtres » mathématiques : ces êtres n'ont pas d'existence ou de consistance par eux-mêmes, ne sont pas indépendants des conditions globales sous lesquelles ils apparaissent en relation les uns avec les autres. Néanmoins, Lautman affirme que l'intelligence mathématique rencontre quelque chose qui *s'impose à elle* : la réalité mathématique n'est pas seulement un épiphénomène d'une activité quelconque. Or si cette réalité n'est pas celle des *objets*, quelle est celle qui s'impose à travers ceux-ci et à travers les « faits » ? Cette réalité supérieure et « dominatrice » dit Lautman, c'est celle de ce qu'il appelle, en suivant Platon, les *Idées*[16].

C'est ce rapport entre les théories et les Idées qui est central pour Lautman. Irréductible aux êtres dont les théories sont les organisations, comment concilier cette réalité la plus haute des « Idées », d'ordre méta-

15. ESE, p. 233.

16. Lautman alterne sans raison visible les écritures « idées » et « Idées ». Pour des raison de cohérence et de clarté nous utiliserons systématiquement la seconde.

mathématique, avec l'objectivité proprement mathématique des théories ?

2.- L'Idée « problématique » comme couple de notions

2.1- L'Idée comme problème

Lautman ne se contente pas de distinguer, ce qui serait une version très simpliste du platonisme, le monde « intelligible » des Idées et le monde « sensible » des théories, mondes qui serait « coupés » l'un de l'autre, séparés par un fossé *ontologique*. Il propose une première distinction de haute importance, celle entre Idées et *notions* :

> « … *Nous distinguons des notions et des Idées dialectiques. Les Idées envisagent des relations possibles entre notions dialectiques. C'est ainsi que nous avons étudié dans notre thèse les Idées de relations possibles entre des couples de notions comme le tout et la partie, les propriétés de situation et les propriétés intrinsèques, les domaines de base et les êtres définis sur ces domaines, les systèmes formels et leurs réalisations, etc.* »[17].

Mais ces Idées sont en fait des *problèmes* :

> « … *Nous appellerons Idée le problème de la détermination de liaison à opérer entre notions distinctes d'une dialectique idéale* »[18].

Une Idée, c'est un *problème*, celui des liaisons qui peuvent s'établir entre des couples de notions. C'est donc un *schéma de liaisons possibles entre notions*, qui va

17. NR, pp. 242-243.
18. SD, p. 283.

être « concrétisé » sous des formes variables dans telle ou telle théorie. D'une certaine façon, une Idée est une *virtualité* : elle est incomplète par elle-même, ouverte à de multiples réalisations. Ces Idées sont donc « problématiques » au sens où incomplètes par elles-mêmes, elles sont en attente d'une complétion dont la forme n'est pas prédéterminée : ce sont les théories qui les « complètent », les faisant passer du virtuel à l'actuel. Les théories sont en ce sens les *solutions déterminées*, advenant dans l'histoire, des *problèmes* dialectiques que sont ces Idées sur le plan ontologique. Le terme de « problématique pure » pourrait ainsi être pris pour synonyme de « dialectique ».

2.2- La différence ontologique entre Idées et théories

La coupure entre Idées et théories, ce que l'on appellera leur *différence ontologique*[19], qui les caractérise en tant que plans distincts de l'Etre, ne saurait être absolue sinon ces plans ne pourraient pas communiquer. Mais la coupure est bien essentielle, ces problèmes étant, en tant que tels, *indépendants* de leurs solutions (« effectuations ») et *logiquement* antérieurs à elles, d'où une conséquence essentielle : une « effectuation » *ne fait pas disparaître le problème*, qui reste donc toujours à résoudre. Mais alors, qu'est-ce donc qu'un « problème » qui ne peut pas être réglé définitivement par les solutions qu'on en donne ? Disons provisoirement que, selon Lautman, un problème est la mise en forme *à un moment donné* d'une question co-extensive à la mathéma-

19. Le chapitre III examine en détail les significations et les difficultés de cette « différence ontologique », en particulier par la confrontation de Lautman à Heidegger, puis à Hegel.

tique, toujours susceptible d'être reformulé de façon autre mais nécessairement plus englobante, puisqu'il faut à chaque nouveau coup intégrer tous les résultats acquis. On s'y appesantira au chapitre III. Pour l'instant, tirons une leçon plus immédiatement utile :

> *« Le problème des liaisons que ces idées sont susceptibles de soutenir entre elles peut se poser en dehors de toute mathématique, mais l'effectuation de ces liaisons est immédiatement théorie mathématique »*[20].

Les théories mathématiques sont la condition nécessaire à l'accomplissement des Idées *qui ne sont pas par elles-mêmes d'ordre mathématique* : le couple Même-Autre, ou fini-infini, par exemple, n'est pas *par soi* mathématiques. Autrement dit, le problème d'ordre dialectique semble pouvoir se poser indépendamment de l'ordre mathématique. La distinction des deux plans est bien nette chez Lautman : rien n'empêche pour lui d'imaginer que ces couples de notions contraires puissent être les acteurs cachés de « drames » qui pourraient être politique, esthétique, philosophique, etc.[21]. On verra d'ailleurs au chapitre IV que, pour lui, ils sont les acteurs de la réalité *physique*.

Lautman tire de cette différence ontologique une double méthode d'approche : soit l'on part des Idées pour voir comment elles trouvent accomplissement

20. AMD, p. 66.

21. Lautman n'a rien écrit sur de tels exemples autres que mathématiques, mais d'après l'allocution de L. Moulinier comme d'après la notice de S. Lautman, SD(EO) respectivement p. 5 et p. 49, ces couples faisaient sens pour lui de façon transversale, et notamment pour la création artistique. Cf. aussi F. Zalamea, « Albert Lautman et la dialectique créatrice des mathématiques modernes », dans MIR, p. 24 note 1, qui insiste sur le « terrain sous-jacent à l'esthétique et aux mathématiques ».

dans telle et telle théorie, soit on part des théories pour remonter au problème dialectique qui les anime. Dans le premier cas, on examine la façon dont un problème indéterminé et virtuel trouve une solution déterminée effective, dans le second, en sens inverse, on examine comment les théories dans leur multiplicité « *participent* »[22] à ces Idées, en sont des incarnations qui tirent d'elles leur substance. Dressons un bilan avant de voir sur quelques exemples l'application de cette méthode.

2.3.- La résistance de la « matière » mathématique

La réalité des mathématiques réside dans la réunion de deux éléments distincts, théories et Idées[23], et le seul « réalisme » défendable est métaphysique, accordant la primauté à « l'urgence » des « problèmes logiques » dont il faut avoir avant toute autre chose l'« intuition »[24], le vif sentiment : cette inquiétude primordiale est pour Lautman le premier socle de la philosophie mathématique. L'essentiel, derrière cette interrogation sur la « réalité », comme Lautman l'accorde aux thèses que Boutroux[25] défend dans *L'idéal scientifique des mathématiciens* (1920), c'est la nécessité de rendre raison de « la résistance que la matière mathématique oppose à la logique avec laquelle on essaye de la décrire »[26].

Cette résistance objective s'oppose en particulier à toute liberté subjective, c'est-à-dire à la « volonté du

22. Le chapitre III examine les usages lautmaniens du concept platonicien de « participation ».

23. ESE, p. 227.

24. *Ibid.*, p. 229.

25. Emile Boutroux (1845-1921), philosophe et historien français de la philosophie, beau-frère du mathématicien Henri Poincaré.

26. *Ibid.*, p. 223.

savant »[27]. Cette résistance, cette expérience d'une contrainte rationnelle, semble pointer vers une transcendance s'imposant par soi, mais l'élément principal, c'est la *nécessité* véhiculée par cette « matière » complexe des mathématiques. Il y a donc *un effet* d'extériorité ou de transcendance produit par cette résistance :

> *« Dans le développement des mathématiques, s'affirme une réalité que la philosophie a pour fonction de reconnaître et de décrire. Le spectacle de la plupart des théories modernes de philosophie mathématique est à cet égard extrêmement décevant. Le plus souvent, l'analyse des mathématiques ne révèle que très peu de choses et des choses très pauvres, comme la recherche de l'identité ou le caractère tautologique des propositions. Il est vrai que chez Meyerson[28] l'application de l'identité rationnelle au divers mathématique suppose un réel qui résiste à l'identification ; il semble qu'il y ait donc là l'indication que la nature de ce réel est différente du schéma trop simpliste avec lequel on essaie de le décrire »*[29].

L'important c'est de ne pas inférer hâtivement de cette résistance et de cet effet d'extériorité, l'*extériorité elle-même*, en l'espèce l'objectivité et la consistance *d'objets* abstraits, puisque tel est le simplisme, que récuse Lautman, d'une « connaissance superficielle du platonisme »[30]. Il rappelle que Boutroux, sur l'exemple simple de l'ellipse, affirme sa « réalité » comme « notion » possédant une « objectivité » se révélant dans des « faits mathématiques indépendants de la construction scientifique ».

Or, si c'est l'intuition qui est la faculté d'accueillir cette manifestation de l'ellipse, laquelle est un objet

27. E. Boutroux, cité par Lautman, ESE, p. 224.
28. Emile Meyerson* (1859-1933), philosophe français.
29. ESE, pp. 127-129.
30. *Ibid.*, p. 230.

« indépendant », cela entre en contradiction avec l'idée qu'il n'y a rien de contraignant qui n'existe en dehors de la réalité propre des mathématiques : Boutroux défend les deux thèses, preuve d'inconséquence pour Lautman. Cette « résistance », en résumé, renvoie pour Lautman aux liens nécessaires qu'entretiennent théories et Idées sous la gouverne du problème logique qui les structure. Evoquons de façon concise quelques-uns des très nombreux exemples (souvent hautement techniques), par lesquels il s'efforce de clarifier cela.

3.- Expressions mathématiques de la domination des Idées

Nous avons vu plus haut comment Lautman comprenait le processus de découverte par « division » en ayant recours au couple Même-Autre. Nous allons maintenant examiner comment et pourquoi il a recours à d'autres couples de notions, qui ne sont pas tous construits sur le même patron – ce qui est à souligner. Ce sont parfois des *contradictoires logiques*, c'est-à-dire des couples où un terme est la négation logique de l'autre, comme fini-infini, et parfois des contradictoires *non logiques*[31], tels structure-existence ou local-global.

31. Dans la syllogistique aristotélicienne et la logique formelle (propositionnelle ou prédicative) qui sont bivalentes, on distingue « contradiction » et « contrariété » de deux énoncés. Deux énoncés contradictoires sont la *négation logique* l'un de l'autre : la vérité du premier implique la fausseté de l'autre. En revanche deux énoncés *contraires* peuvent être simultanément faux s'ils sont universels (« aucun schtroumpf n'a de bonnet blanc » et « tous les schtroumpfs ont un bonnet blanc ») ou simultanément vrais s'ils sont particuliers (« certains hommes politiques sont tout petits » et « certains hommes politiques ne sont pas tout petits »).

D'où vient donc que ces « contraires » sans consistance apparente se soient « imposés » à lui pour rendre adéquatement raison de ce dont il traite ? De la tradition philosophique : en ces « contraires », on peut en effet reconnaître une nouvelle façon de « dire » les grandes oppositions millénaires, fondatrices de l'histoire des savoirs, celles justement qui sont au cœur de l'enquête que le *Parménide* de Platon mène d'un même mouvement sur la nature des Idées, le rapport de l'Un et du Multiple, et le statut de la « participation » des choses sensibles aux Idées. Leur longue *insistance* les légitimerait aux yeux de Lautman.

On revient sur cela en détail au chapitre suivant, restituons d'abord quelques exemples d'effectuation mathématique de ces couples dialectiques.

3.1.- Schémas de structure et schémas de genèse, imitation et expression

Les différents exemples pris par Lautman obéissent à deux grandes distinctions générales : la première est celle entre des « schémas de structure » et des « schémas de genèse », la seconde, entre deux sens de « genèse ». L'*Essai sur les notions de structure et d'existence en mathématiques* traite successivement de ce qu'il nomme des schémas de « structure » puis des schémas de « genèse ».

Pour l'essentiel, il les définit ainsi : les premiers renvoient à des configurations mathématiques où la « réalité » mathématique *se résorbe* dans les propriétés *structurelles* d'une théorie donnée, c'est-à-dire que, de façon analogue à ce que nous avons vu au chapitre I avec la conception formaliste hilbertienne, l'existence des objets ou êtres mathématiques est impliquée par les systèmes des relations fixées par la théorie – au sens où ces objets sont immédiatement les « éléments » satisfaisant à ces relations. Dans les seconds en revanche, l'attestation de cette existence, la production de nouveaux êtres, *accomplit* en les excédant certaines caractéristiques structurelles de ces théories : ici, l'existence ne se réduit pas à une propriété de structure, au contraire, elle exige d'aller au-delà, ou de faire travailler hors d'elle-même cette structure.

La notion de « genèse » se dédouble dans ce second cas, comme les *Nouvelles recherches sur la structure des mathématiques* l'établiront plus avant, à l'occasion de l'analyse des tensions qui se manifestent dans les théories unifiant des procédés, ou notions, relevant du continu d'un côté, du discontinu de l'autre : dans un cas s'établit une relation d'homologie, d'affinité entre les deux approches, dans l'autre cas, une relation de détermination voire de présupposition mutuelle. Les structures des théories peuvent être analogues mais rester indépendantes les unes des autres, ou bien alors la structure d'une théorie *dépend* fondamentalement de la structure d'une autre (dont, de ce fait, elle est un dérivé), ou bien encore ces structures théoriques s'enchevêtrent au point que la distinction entre les deux devient difficile à établir.

Il y a bien « genèse » de nouveaux êtres mathématiques dans le premier cas ; dans les deux suivants, le terme n'y est pas pris exactement dans le même sens : dans le premier, Lautman parlera d'un rapport d'*imitation*, dans le second, d'un rapport d'*expression*[32], ce qui fait plus loin l'objet de quelques précisions.

32. Cf. *Ibid.*, Introduction, pp. 131-132, pour les deux types de schéma, et NR, pp. 256-257 pour les deux types de genèse.

3.2. - Structure et existence

La nouvelle théorie abstraite des structures algébriques, élaborée par les mathématiciens allemands des années 1930, et pour lesquels Hilbert reste une figure tutélaire, est le moteur, pour Lautman, de l'unification des mathématiques, mais il n'y réduit pas son analyse de toute « structure ». En effet, structure et existence sont avant tout des *notions* dialectiques, dont deux premiers exemples vont bien illustrer la transversalité.

3.2.1.- Sur la logique mathématique

Lautman est très éloigné de l'école du logicisme de Frege et Russell, comme du néo-positivisme viennois. Il justifie ainsi cette distance :

> *« Le développement de la notion de tautologie a complètement éliminé dans l'école de Russell l'idée d'une réalité propre aux mathématiques.*
>
> *Pour Wittgenstein et Carnap, les mathématiques ne sont plus qu'une langue indifférente au contenu qu'elle exprime. Seules les propositions empiriques se référeraient à une réalité objective, et les mathématiques ne seraient qu'un système de transformations formelles permettant de relier les unes aux autres les données de la physique. Si l'on essaie de comprendre les raisons de cet évanouissement progressif de la réalité mathématique, on peut être amené à conclure qu'il résulte de l'emploi de la méthode déductive. A vouloir construire toutes les notions mathématiques à partir d'un petit nombre de notions et de propositions logiques primitives, on perd de vue le caractère qualitatif et intégral des théories constituées »*[33].

33. ESE, pp. 127-129. Pour une vision globale de cette critique, cf. *Considérations*, pp. 39-46 et NR p. 232.

Ne pas réduire les mathématiques à une « langue indifférente au contenu qu'elle exprime » c'est, pour Lautman, refuser de les réduire à un pur cadre formel qui ne serait qu'une coquille vide. L'idée d'un usage abusif de la « méthode déductive » ne doit pas être mal comprise : certes les mathématiques sont une science déductive, mais la déduction ne se réduit pas à un pur enchaînement formel, ou plus exactement, la mathématique ne se réduit pas à cette vocation déductive.

Si l'on veut renvoyer le sens du procédé déductif au fait qu'il est l'expression de principes purement formels, alors il est inévitable de vouloir ramener les mathématiques à la logique : le logicisme pêche à cause de sa décision foncière de voir dans les mathématiques un simple langue. C'est bien cette décision qui amène ensuite à ne pas voir qu'une théorie possède une dimension « qualitative », c'est-à-dire qu'elle porte sur un *contenu* qu'elle modèle de façon particulière, un contenu qui ne saurait être morcelé, c'est-à-dire découpé en éléments extérieurs les uns aux autres, reliés purement et simplement par des règles formelles : le caractère « intégral » en question, c'est en réalité ce caractère *organique* des théories, dont les structures *font corps d'une façon singulière* avec les contenus qu'elles organisent.

Mais s'il ne souscrit pas aux *philosophies* logicistes, en revanche Lautman s'intéresse de près aux résultats de la logique mathématique, et en particulier ceux concernant le couple structure-existence :

> « *[Nous] nous attacherons à montrer la structure interne des édifices mathématiques plutôt qu'à décerner à certaines catégories comme les nombres un injustifiable primat. Nous retrouverons ainsi à propos du problème par-*

> *ticulier des rapports du tout et de ses parties la conception hilbertienne de la non-contradiction et tenons en passant à indiquer combien la logique mathématique est féconde en conséquences philosophiques aux mains d'Hilbert et combien elle paraît jusqu'à présent ingrate aux mains de ceux qui n'y ont vu qu'une grammaire »*[34].

On peut considérer un système formel, muni d'axiomes et de règles d'inférence déterminés, d'un point de vue *syntaxique* ou d'un point de vue *sémantique*. Dans le premier cas, on « reste à l'intérieur », on ne considère que les relations de compatibilité ou d'incompatibilité *structurelles* que les énoncés construits conformément aux règles entretiennent : c'est le point de vue de l'« essence ». Dans le second cas, on sort du système pour s'intéresser à un possible référent, on procède à une « interprétation » des énoncés possibles du système en déterminant les domaines d'*objets*, les types d'*êtres* (des nombres par exemple) dans lesquels on peut les traduire, ce qui revient à s'interroger sur les critères d'*existence* de ces objets. Le couple structure-existence de Lautman illustre donc cette distinction entre syntaxe et sémantique.

Propriétés syntaxique et propriétés sémantiques d'un système d'axiomes

La question classique que l'on se pose est la suivante : la consistance[35] de ce système, c'est-à-dire sa non-contradiction, implique-t-elle par soi ou non l'existence de tels objets ? A quelles conditions, en d'autres termes, leur *genèse* est-elle possible ? Lautman reprend la po-

34. Rapport Bouglé, p. 2.
35. Cf. chap. I., § 2.1.

sition hilbertienne réclamant le droit d'identifier, pour une entité mathématique précise, l'essence résultant de sa définition implicite dans un système d'axiomes et son existence. Le théorème d'existence se ramène alors à la considération leibnizienne selon laquelle le passage de l'essence à l'existence est impliqué dès la mise en évidence de la « compossibilité » des essences (le fait qu'elles soient simultanément possibles, que leurs propriétés respectives ne soient pas logiquement incompatibles), c'est-à-dire en termes contemporains, la consistance des axiomes[36].

Selon cette approche, même si l'on maintient la distinction entre *propriétés syntaxiques* et *propriétés sémantiques* d'un système axiomatique donné, il s'avère que le passage du premier « genre d'être » (les structures) au second (les objets)[37] est immédiat, ou plus exactement, que le second est un produit directement dérivé en interne du premier.

La « théorie de la démonstration » (*Beweistheorie*) qu'Hilbert a développée ne vise qu'à démontrer la compatibilité de toutes les conséquences possibles d'un système donné, c'est-à-dire les énoncés *syntaxiquement* dérivables des axiomes. Lautman l'assimile donc à une méthode purement structurale (*Beweistheoretische Methode*). Il distingue cette méthode de celle qu'il appelle « extensive » et qui est fondée sur la théorie des ensembles (*Mengentheoretische Methode*)[38] ; méthode sémantique, puisqu'elle allie à l'étude des propriétés syntaxiques et déductives d'un système d'axiomes, la réflexion sur les domaines, « champs » d'individus cen-

36. Cf. ESE, II, pp. 179-182.
37. AMD, pp. 66-67.
38. ESE, p. 182, note 1 ; Cf. chap. I, § 1.1. et suiv.

sés être les variables « interprétant » les énoncés du système.

Ces deux méthodes constituent deux « points de vue » dans la métamathématique même, mais Lautman rappelle qu'elles ne sont pas absolument exclusives, au contraire : Hilbert utilisait les deux. C'est plutôt la variété des rapports pratiqués entre ces deux points de vue qui l'intéresse, parce cette variété ouvre pour lui à des possibilités variées d'incarnation du couple dialectique structure-existence.

La méthode « extensive » fait intervenir des propriétés métamathématiques absentes de la *Beweistheorie*, comme celles de « possibilité de réalisation » (on dit aujourd'hui *satisfiabilité*) et de « valabilité universelle » (*validité universelle*) : une formule est *universellement valide* c'est-à-dire *infalsifiable*, si toutes les interprétations possibles (les assignations ou attributions dans un « monde possible » de référents sémantiques) en sont des *modèles*[39], c'est-à-dire la rendent vraie. En revanche, une formule peut n'être pas universellement valide, et néanmoins satisfiable s'il en existe au moins un modèle, c'est-à-dire une interprétation qui la rende vraie, même si d'autres la falsifient.

L'élément important est que la satisfiabilité (sémantique) est liée à la consistance (syntaxique) par un théorème fondamental, le théorème de complétude. Celui-ci stipule qu'*une théorie est consistante si et seulement si elle admet un modèle* (c'est-à-dire si on peut lui assigner au moins un domaine). La complétude du calcul des propositions a été démontrée en 1921, et la « complétude sémantique » du calcul des prédicats du premier ordre (c'est-à-dire où les quantificateurs ne portent que

39. *Ibid.*, p. 182.

sur des variables d'individus[40]) par Gödel en 1930. Ce théorème stipule qu'une théorie est *complète* si et seulement si, à partir de ses axiomes et conformément à ses règles, on peut établir que toute formule sémantiquement *valide* (« vraie ») de la théorie en est un énoncé syntaxiquement déductible (un *théorème*)[41].

A ce niveau élémentaire des théories logiques, il y a pleine adéquation entre la syntaxe et la sémantique qui sont « en dualité »[42], c'est-à-dire qu'il y a « équivalence dans le fini entre la *structure* non-contradictoire d'un système d'axiomes et l'*existence* d'un champ comprenant un nombre d'individus déterminés et tel que le système soit réalisable dans le champ »[43].

Autrement dit, le plan syntaxique et le plan sémantique sont ici seulement deux *façons de voir* le même système d'axiomes. Ce qui fait, dans ce cas, que les termes de « passage » ou même de « genèse » sont inadéquats, puisque l'opposition structure-existence *se*

40. Les quantificateurs sont des opérateurs indiquant la « quantité » des objets sur lesquels porte une formule : les deux principaux sont $\exists$ et $\forall$. « $\exists x Px$ » signifie « Il existe au moins un x qui possède la propriété P », « $\forall x Qx$ » signifie « tous les x ont la propriété Q ». Lorsque x désigne une variable individuelle (un nombre, un élément d'un ensemble), on est dans le premier ordre. Mais avec une formule comme « $\exists R \forall x(Rx)$ », qui signifie « il existe une propriété R possédée par tous les x », on quantifie sur une variable de prédicat (R) : dans ce cas là on passe à un degré supérieur d'expression et de calcul, dit de « second ordre ».

41. Par exemple, dans le calcul des propositions, si on peut démontrer par une méthode sémantique comme celle des tables de vérité, qu'une formule est une « tautologie » (c'est-à-dire toujours vraie), alors on pourra démontrer par une méthode syntaxique, par exemple en déduction naturelle, que cette formule est un « théorème » et réciproquement.

42. ESE, p. 183.

43. *Ibid.*, pp. 183-184.

dissout d'elle-même en simple distinction de points de vue. La forme et son contenu sont une seule chose vue sous deux aspects, c'est-à-dire que le « contenu » sémantique *spécifiquement* lié à cette forme, son « contenu formel », est de « degré zéro » (G.-G. Granger).

Or il se trouve que « lorsque le système d'axiomes ne pourrait être réalisé que dans un champ infini d'individus, il n'y a plus forcément équivalence entre la non-contradiction du système et une interprétation de ce système »[44]. Dès lors, passant du fini à l'infini, on voit que les choses se compliquent fortement : syntaxe et sémantique ne sont plus seulement des *points de vue* ; le contenu n'est plus un produit dérivé de la forme ; on ne peut réduire les perspectives « structurelle » et « extensive » l'une à l'autre, dans la mesure où, *dans l'infini* cette identité-adéquation ne va pas de soi, voire est impossible à établir.

En effet, dès que l'on a affaire à des systèmes plus complexes et plus puissants, le sémantique « déborde » l'opératoire[45], le syntaxique, qui ne peut plus correctement le capter. Le fait, « négatif », que la consistance des axiomes du calcul des prédicats n'implique pas forcément l'existence d'une interprétation (résultat dû à P. Bernays[46]) en est un clair témoignage. Le couple structure-existence ne trouve plus ici de réalisation simple.

44. *Ibid.*, p. 184.

45. Le théorème d'incomplétude de Gödel illustre parfaitement ce débordement, puisque il établit que dans tout système axiomatique assez puissant, on peut construire certaines propositions possédant une signification métamathématique bien établie, qui ne sont ni démontrables ni réfutables. Cf. ici-même, ch. I, § 2.2.

46. Paul Bernays (1888-1977), logicien et mathématicien suisse.

3.2.2.- Intrinsèque et extrinsèque

Dans sa thèse principale, Lautman souligne l'intérêt *philosophique* de la topologie[47] algébrique (ce qui est tout-à-fait innovant pour l'époque[48]), et notamment de la transposition en elle de la distinction *intrinsèque-extrinsèque* née dans la géométrie différentielle (branche étudiant les propriétés des courbes planes et des surfaces) du XIXe siècle.

On a brièvement présenté au début du premier chapitre la révolution géométrique du XIXe siècle comme un processus de mise en crise du modèle classique de l'espace tridimensionnel : au sein de ce modèle, on étudiait toujours courbes et surfaces en les « plongeant » dans un espace euclidien à deux dimensions (courbes) ou à trois dimensions (surfaces). Ce point de vue est celui de l'approche *extrinsèque*, c'est-à-dire de l'approche étudiant un objet géométrique en fonction d'un espace-réceptacle ambiant qui l'englobe.

Gauss, dans sa *Dissertation générale sur les surfaces courbes* de 1827, va proposer un regard nouveau, *intrinsèque* cette fois : on peut étudier ces objets indépendamment

47. La topologie contient deux branches : la topologie dite *générale* est l'étude au sens large des propriétés invariantes par homéomorphisme (application bijective et bicontinue) des fonctions définies dans des espaces abstraits. Elle associe méthodiquement à partir de l'entre-deux-guerres les études « globales » touchant la structure complète des espaces et les études « locales » touchant les voisinages de ses points. Riemann et Weierstrass en sont à l'origine ; transcrite dans l'idiome ensembliste au XXe siècle, elle est devenue le cadre de base de l'analyse réelle.
La topologie *combinatoire*, dite plus tard *algébrique*, en est en partie une spécification issue de questions d'analyse complexe, et s'efforce de caractériser de façon arithmétique ou algébrique les propriétés des figures invariantes par déformation continue. Cf. EUD, p. 84.

48. ESE, p. 151 et suiv., ainsi que p. 141 et suiv.

de tout plongement de ce type dans un espace ambiant, mais au contraire, uniquement du point de vue *de leur structure propre*. Gauss montre en effet qu'on peut poursuivre toutes les études souhaitées sans se référer à un tel espace ambiant, en construisant *sur les surfaces mêmes* des coordonnées « curvilignes » : le meilleur exemple, c'est le couple latitude-longitude qui permet, à même la surface du globe terrestre, à partir d'un méridien et d'un parallèle de référence, de situer un bateau.

Tout l'intérêt du procédé est de libérer l'idée de coordonnées d'un référentiel absolu ou rigide (comme un espace ambiant, qui est toujours d'une certaine façon transcendant par rapport à ce qu'il permet de localiser), et d'« intérioriser » le processus de toute mesure, à partir de ce nouveau type de coordonnées, aux configurations géométriques ou spatiales considérées. A partir de là, Gauss élargira la notion de distance euclidienne[49] entre deux points, et reformulera la notion de courbure d'une surface. C'est Riemann qui, dans *Sur les hypothèses qui servent de fondement à la géométrie* (1854), généralisera cela aux surfaces à *n dimensions*, lesquelles seront appelées de façon plus générale « variétés » (*Mannigfaltigkeiten*)[50].

Dans la filiation de cette tradition, Lautman donne plusieurs exemples suggestifs de réalisation du couple extrinsèque-intrinsèque en montrant les enjeux conceptuels qui s'en dégagent. Considérons un exem-

49. La distance s'exprime conventionnellement par un ds^2 généralisant la distance euclidienne entre deux points donnée par le théorème de Pythagore. Soit un triangle rectangle ABC dont BC est l'hypoténuse. La longueur de BC est donnée par l'égalité $BC = \sqrt{AB^2 + BC^2}$ qui est tirée de l'égalité $BC^2 = AB^2 + BC^2$: cette égalité donne donc une mesure de la distance séparant B et C. Cf. ESE, pp. 151-152.

50. Thématique reprise dans les années 1870 par Félix Klein, qui en traite, en particulier, dans *Le programme d'Erlangen* de 1872.

ple des plus simples, celui de courbes comme le nœud en forme de trèfle et le cercle[51].

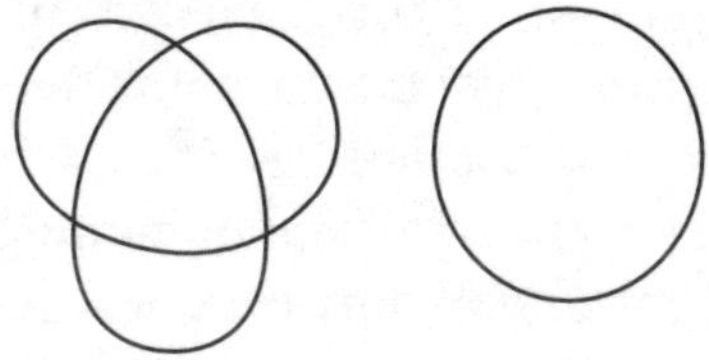

51. ESE, pp. 155-157, figure reprise à H. Seifert H. & W. Threlfall, *Lehrbuch der Topologie*, Teubner Verlagsgesellschaft, 1934, p. 2. Un autre exemple est celui du ruban de Moebius (du mathématicien allemand August Ferdinand Moebius, 1790-1868) qui est une surface fermée dont le bord se réduit à un cercle. Son unilatéralité (la notion est délicate à saisir, mais on peut la résumer en disant que le ruban ne possède qu'un seul côté et se parcourt en continu) pour un regard *extrinsèque* se réduit à la propriété *intrinsèque* de *non-orientabilité*.

Orienter un espace, par exemple un plan, c'est pouvoir introduire en lui une dissymétrie permettant de distinguer sur lui les rotations à gauche et celles à droite, ce qui est intrinsèque, ou encore des faces, supérieure et inférieure, ce qui est extrinsèque. Si l'on assimile le plan à une feuille de papier, on peut également (l'exemple est pris par Moebius) colorier de deux couleurs différentes les deux côtés de la feuille, ce qui est intrinsèque. Chaque point du ruban est assimilable à un tel plan (on dit que l'on considère le « plan tangent » associé à ce point) : localement parlant, au voisinage de chacun des points du ruban, on peut donc définir une orientation. Mais contrairement à d'autres surfaces, comme la sphère ou un cylindre, l'ensemble de ces orientations définies localement sur les plans tangents à chaque point sont *globalement incompatibles entre elles.*

En effet, partant d'un point donné, si l'on effectue un trajet continu sur le ruban dans sa globalité, on retourne nécessairement au point d'où l'on est parti : or on s'aperçoit que les couleurs des deux côtés du plan localement associé à ce point se sont inversées (ce qui correspond bien au fait que le ruban n'a qu'un seul côté). Le ruban de Moebius est dit *non orientable* en raison de l'impossibilité de globaliser les orientations quelconques qui sont localement définissables sur lui.

On ne peut les faire coïncider par une déformation continue dans le plan. Pourtant, il existe un homéomorphisme de l'une sur l'autre, c'est-à-dire qu'à chaque point de l'une correspond un point de l'autre, et cette correspondance se fait dans les deux sens, et en totalité, de proche en proche (de point en point). Ce n'est donc que par des propriétés intrinsèques de structure que cette homéomorphie peut être effectivement caractérisée, et non extrinsèquement dans l'espace ambiant (ici le plan) où ces figures peuvent être plongées, puisque dans ce cas on ne peut transformer l'une en l'autre[52] :

> *« Cet exemple nous laisse pressentir l'intérêt philosophique de la topologie algébrique (ou encore topologie combinatoire) : les propriétés géométriques de relation se laissent exprimer en propriétés algébriques intrinsèques et dans la mesure où cette intellectualisation des relations d'une figure et des figures environnantes réussit, on voit s'évanouir la distinction kantienne d'une esthétique et d'une analytique »*[53] .

Pour l'essentiel, cet évanouissement, c'est le triomphe de la pure conceptualité, ce que justement Kant considérait comme impossible. En effet, dans la *Dissertation* de 1770[54], Kant développait un argument qui sera essentiel pour l'organisation ultérieure de sa *Critique de la raison pure* : les positions respectives des corps dans l'espace ne peuvent se laisser déterminer uniquement par leurs relations mutuelles, mais exigent un système de référence universel, indépendant et englobant, au

52. ESE, p. 156 et suiv.
53. *Ibid.*, p. 157 (nous soulignons).
54. E. Kant, *Dissertation de 1770*, tr. fr. F. Alquié, dans *Œuvres complètes*, tome I « Des premiers écrits à la "Critique de la raison pure" », Paris, Gallimard (éd. La Pléiade), 1980.

sein duquel les notions de haut et de bas, de droite et de gauche, etc. prendront un sens univoque.

Cette exigence indique la nécessité d'une « esthétique », c'est-à-dire de l'exposition des caractéristiques essentielles et *a priori* propres à ce système de référence ; système double, puisque ce sont le temps et l'espace qui le constituent, comme *formes a priori* de toute intuition sensible d'un objet concret, c'est-à-dire comme cadres nécessairement présupposés de toute perception d'objet, de toute *présentation* des phénomènes.

3.2.3.- Analytique et esthétique : la topologie entre Kant et Leibniz

Lautman évoque la distinction kantienne entre cette « esthétique » et ce qu'il nomme « analytique », partie qui traite, elle, des types de liaisons et jugements que l'entendement (qui est la faculté des concepts), et la raison (faculté des principes), peuvent établir au sujet du divers sensible dont on a l'intuition dans le temps et l'espace. L'origine de cette distinction, c'est le paradoxe des objets bidimensionnels qui sont symétriques[55] mais non congruents, c'est-à-dire non superposables par simple « glissement » dans le plan, à l'image de deux mains à plat. Pour être superposables, ces objets exigent une rotation autour d'un axe, c'est-à-dire un passage par l'espace tridimensionnel, une des deux formes *a priori* de l'intuition sensible.

La distinction analytique-esthétique recouvre ici la distinction intrinsèque-extrinsèque : Lautman qualifie d'ailleurs les propriétés extrinsèques de propriétés « induites », c'est-à-dire résultant de ce plongement de

55. ESE, pp. 149-152. Cf. aussi SD, p. 265.

la configuration géométrique considérée dans un espace-réceptacle ambiant.

Faut-il en conclure que le passage par l'intuition spatiale (c'est-à-dire l'insertion d'une configuration mathématique dans un espace ambiant) est définitivement caduc ? Lautman avait introduit le couple intrinsèque-extrinsèque à partir de l'opposition Kant-Leibniz[56] : faut-il ici conclure que contre Kant, c'est Leibniz qui, dans son *analysis situs* (analyse des « lieux » géométriques, ancêtre de la topologie) comme dans sa monadologie (où il ramène la détermination des rapports entre une monade et les autres aux propriétés internes enveloppées dans son essence), a saisi le moteur et le sens même du progrès mathématique : l'intellectualisation ? Cette extrapolation n'est possible *qu'en partie* :

> *« Or des faits sont venus montrer… que la réduction des propriétés de situation à des propriétés de structure ne pourrait jamais être achevée. Il semble qu'il en soit comme si la topologie ne pouvait se développer qu'en donnant raison à Leibniz, mais que constamment elle rencontre des faits qui donnent raison à Kant et l'obligent ainsi à chercher de nouvelles méthodes ».*

Lautman prend à nouveau l'exemple de courbes homéomorphes dans l'espace euclidien à trois dimensions, et ce qui résulte dès lors qu'on considère cet espace privé des « trous » que ces deux courbes y opèrent. Bien que les courbes soient homéomorphes, les trous en question eux ne le sont pas :

> *« Les propriétés de situation, réductibles aux propriétés de structure dans le cas de deux dimensions, cessent de l'être*

56. ESE, pp. 149-150.

dans le cas de trois dimensions. A ce niveau de réalité, la distinction entre une esthétique et une analytique subsiste »[57].

Autrement dit, dans certains cas la mathématique abstraite maintient, comme ici, au moins provisoirement, la nécessité d'une instance non algébrique dans la détermination des propriétés des objets considérés : comme si l'instance « intuitive » au sens large était structurellement exigée, comme une étape avant la rationalisation définitive d'une théorie, comme s'il était impossible d'intellectualiser complètement certaines notions ou certaines propriétés. La recherche de nouvelles méthodes est donc une réponse à cette dimension récalcitrante au concept et à l'abstraction de certaines « réalités » mathématiques.

4.- Mathématique « classique » *versus* « mathématique moderne » ?

Lautman opère trois distinctions essentielles, qui se recoupent partiellement, entre une mathématique « classique » et une mathématique « moderne ».

4.1- Trois distinctions

La première distinction, c'est celle entre *domaines* et *objets*, qu'il reprend au mathématicien Hermann Weyl[58]. Celui-ci met en opposition un courant affirmant, dans la lignée des mathématiques arabes, le primat du nombre ou des êtres mathématiques (dont on tire seulement

57. ESE, p. 164 – nous soulignons.
58. MR, p. 48.

après coup l'idée du domaine que ces êtres constituent), et un courant plus « moderne » affirmant, au contraire, le primat du *domaine* sur les nombres (et plus généralement les êtres) associés à ce domaine. Selon cette seconde orientation, la définition préalable (de type géométrique ou encore physique) du domaine et d'un certain nombre d'opérations réalisables sur lui, permet ensuite, et seulement ensuite, de parler des « objets » du domaine sur lesquels ces opérations portent. Ici, la « synthèse »[59] entre domaine et opérations a priorité sur les objets : les propriétés individuelles de ces derniers sont déterminées par le type d'organisation du tout dont ils sont les éléments.

La seconde distinction, c'est celle entre un esprit dominé par le *fini* (ou le dénombrable[60]), un esprit *constructiviste* au sens où l'infini est pensé comme une construction dérivée du fini, et un esprit *axiomatique*, qui au contraire délaisse cette question de la construction en posant le *primat de l'infini*.

Dans le premier cas, si c'est l'infini des nombres réels qui est l'objet principal, les nombres réels, et en eux les irrationnels, sont engendrés à partir des rationnels moyennant des dispositifs techniques élaborés[61],

59. *Ibid.*, p. 49, ainsi que Congrès, pp. 62-63.

60. Un ensemble est infini s'il peut être mis en correspondance bi-univoque ou bijection (correspondance un-à-un) avec une de ses parties propres (comme les entiers naturels avec les entiers naturels *pairs*). Un ensemble dénombrable est soit fini, soit infini, et dans ce cas satisfait à la condition suivante : il peut être mis en bijection avec la suite des entiers naturels (on peut « lister », c'est-à-dire « dénombrer » chacun de ses éléments, même si la liste est infinie), par exemple l'ensemble des rationnels. Un ensemble infini *non dénombrable*, lui, ne satisfait pas à cette condition, à l'image de l'ensemble des nombres réels.

61. Pour le détail, cf. J.-P. Belna, *Le concept de nombre chez Dedekind, Cantor, Frege*, Paris, Vrin, 1994.

les rationnels étant eux-mêmes définis comme rapports entre nombres entiers : cette perspective génétique est fondée sur la primauté des nombres entiers. Dans le second cas, on stipule par avance, au moyen d'axiomes, les domaines sur lesquels on va étudier tels ou tels êtres, ceux-ci étant alors implicitement institués par ceux-là. Le premier esprit est celui de la mathématique « classique », et avant tout de l'analyse, le second est celui la mathématique « moderne », et avant tout de l'algèbre.

Cette distinction-ci recoupe nettement la première. Mais Lautman met l'accent sur une conséquence importante, qui introduit à une troisième distinction : la mathématique moderne, algébriste, assure un certain primat du discontinu sur le continu. En effet, tout en construisant l'infini à partir du fini, l'esprit « classique » a essentiellement pour préoccupation et pour instrument les propriétés de l'infini et du continu[62], contrairement à la seconde :

> *« En opposition à l'analyse du continu et de l'infini, les structures algébriques ont un aspect nettement fini et discontinu. Quelle que soit l'infinité des éléments qui constituent un groupe, un corps, une algèbre (au sens restreint du mot[63]), les méthodes de l'algèbre consistent le plus*

62. Le lien entre les deux est fondateur de l'analyse infinitésimale : étudier en physique les processus continus, c'est étudier l'évolution d'un phénomène entre deux moments du temps, et en particulier entre deux « instants » infiniment proches. Mathématiquement, c'est étudier la variation infime que subit le comportement d'une fonction, lorsque sa variable (qui correspond au temps) est affectée d'une variation infime, ce qui passe par l'opération de dérivation de la fonction en question, opération au cœur du calcul infinitésimal qui fut l'instrument de la physique mathématique newtonienne.

63. En gros une « algèbre » est un « domaine de grandeurs », d'éléments qui « soutiennent entre eux des relations par quoi s'affirme leur appartenance à cette algèbre », EUD, p. 86.

> *souvent à imposer à ces éléments une division en classes d'éléments équivalents, et à substituer ainsi à un ensemble infini la considération d'un nombre de classes qui, dans les applications, est le plus souvent fini* »[64].

On illustre plus bas l'efficacité de cette technique consistant à *diviser en classes d'éléments équivalents* les éléments d'un ensemble donné[65]. Pour l'instant, résumons les différences entre les deux mathématiques : la mathématique « moderne » accorderait un primat structural du domaine sur l'objet et les nombres, et s'incarnerait dans la topologie, l'algèbre, et surtout la méthode axiomatique, alors que la mathématique « classique », l'analyse (théorie des fonctions à variables réelles ou complexes) au premier chef, s'intéresserait, selon un fort accent génétique fondé sur le primat des entiers, aux propriétés des nombres réels.

Un tel résumé est évidemment grossier, et Lautman sait bien que ces distinctions sont très sommaires et ne renvoient aucunement à des oppositions absolues ou statiques, mais à des inflexions temporaires jalonnant la

64. EUD, Introduction « La distinction des deux mathématiques », pp. 86-87.

65. Une quatrième distinction pourrait être ajoutée ici, qui ne recouvre pas complètement les précédentes du fait de sa généralité : c'est la distinction entre les approches « structurale » et « dynamique » des mathématiques. La première tend à méconnaître l'historicité ou plus simplement la dimension génétique des théories, la seconde à insister dessus, parfois au détriment de la fixité de certaines notions que la première met en évidence. ESE, pp. 129-130. De façon analogue lorsqu'on étudie le langage, on peut comme les structuralistes insister sur la langue comme système, et privilégier ses propriétés synchroniques, ou insister sur les transformations historiques de cette langue, et mettre l'accent sur ses propriétés diachroniques, et en particulier sur ce qui la fait *vivre :* la parole.

prolifération des diverses branches des mathématiques. Ces distinctions préalables vont lui servir néanmoins à questionner les liens sous-jacents entre ces approches et leurs « contaminations » mutuelles.[66] Il va en particulier insister sur le processus d'unification en cours des méthodes de l'algèbre et de l'analyse[67], emblématique des années 1930, unification donnant la part belle aux méthodes algébriques[68], et consacrant de ce fait leur primat. Tout son *Essai sur l'unité des mathématiques dans leur développement actuel* vise d'ailleurs à démontrer ce primat.

4.2.- Du fini et de l'infini, au discontinu et au continu

L'habitude est de faire du fini et de l'infini deux extrêmes d'un processus homogène dans lequel l'un des deux a la primauté sur l'autre, le fini étant toujours « partie » de l'infini[69]. Soit l'infini (continu) est premier logiquement par rapport au fini (par exemple, l'infini divin chez Descartes, l'infinité ensembliste de Dedekind à Russell), soit l'infini émane du fini ou est engendré par lui. Hilbert, selon Lautman, est à cheval entre les deux. Le primat de l'infini et la défense du « paradis cantorien » du transfini, cohabitent chez lui avec le vœu d'une axiomatisation de l'analyse sur la base d'une axiomatisation de l'arithmétique effectuée *selon des méthodes ne faisant pas intervenir l'infini actuel à cause des apories qui s'y attachent*[70] : ce « finitisme » est pour Hilbert la condition de la sauvegarde maîtrisée de l'infini de Cantor.

66. EUD, p. 114 sur ces liens.
67. *Ibid.*, pp. 86-87, ch. IV « Le continu et le discontinu » p. 113 et suiv., ainsi que pp. 121-122.
68. ESE, p. 228.
69. EUD, pp. 121-123.
70. Cf. chap. I.

Dans les deux cas évoqués ici, l'obtention du fini par « limitation » ou « approximation »[71] de l'infini, ou la « dilatation »[72] du fini vers l'infini, aucun changement *qualitatif* strict n'est véritablement censé avoir lieu. Pour Lautman cependant il y a un tel saut qualitatif qui s'opère pour aller de l'un à l'autre, et qui détermine deux sortes de genèses[73]. Dans un cas on a un rapport d'« imitation », dans l'autre un rapport d'« expression ». Certains exemples montrent que parfois la structure interne de l'infini « imite » celle du fini[74], alors que dans d'autres au contraire un domaine fini peut « envelopper », présupposer ou impliquer, un domaine infini qui l'« exprimerait » adéquatement.

Précisons que c'est à partir de ces distinctions générales que Lautman insiste sur le fait qu'analyse et arithmétique[75], loin de s'opposer, entretiennent une relation de dépendance essentielle et « passent » l'une dans l'autre. Raison pour laquelle il estime que la distinction des deux mathématiques « moderne » et « classique » tend, à son époque, à s'atténuer[76]. En effet, même si des opérations dans l'une peuvent parfois n'avoir aucun sens dans l'autre, ce qu'il faut dans le cas général, c'est « étudier, au sein de la théorie analytique

71. *Ibid.*, p. 122.

72. *Ibid.*, p. 123; cf. aussi ESE, III, pp. 165-166.

73. NR, p. 256.

74. Par exemple, dans certaines situations où l'on peut ramener un problème d'analyse à un problème d'algèbre, par une « réorganisation », un redécoupage de l'espace de fonctions initial selon un procédé algébrique plus efficace : « *Lorsque Hilbert transporte en analyse des méthodes de décomposition fonctionnelle d'origine algébrique, il impose à l'espace fonctionnel une structure qui imite celle d'un espace à un nombre fini de dimensions* », EUD, p. 123. Voir aussi *ibid.*, p. 93 et suiv.

75. NR, pp. 245-46.

76. EUD, p. 113 et suiv.

des nombres elle-même, le mécanisme des liaisons qui s'y affirment entre le continu et le discontinu »[77].

L'intérêt et l'enjeu de cette étude, c'est de montrer *l'unité* des branches des mathématiques : saisir les liaisons, l'entr'expression des méthodes, c'est justement montrer que l'apparence de diversité ou d'opposition se résout en des mécanismes homogènes cachés au premier abord. Autrement dit, Lautman pense que cette opposition, plutôt qu'elle ne caractérise des théories, caractérise surtout des *méthodes* qu'il est possible soit d'unifier, soit de traduire dans un cadre commun.

4.3.- Continu et discontinu : l'exemple de la fonction zêta

4.3.1.- Des nombres premiers au primat de l'analyse

Pour appuyer son analyse de l'Idée-couple continu-discontinu, Lautman prend à plusieurs reprises[78] l'exemple de la fonction ζ (zêta) de Riemann qui illustre de façon emblématique les rapports profonds existant entre analyse et arithmétique, dans la mesure où elle permet d'établir certaines lois importantes concernant les nombres premiers.

Il existe depuis Euclide diverses démonstrations de l'infinité des nombres premiers. Mais ce qui est tout aussi instructif, c'est d'établir les lois de leur croissance et de leur distribution ou répartition par rapport à la suite des nombres entiers. Le théorème des nombres premiers (d'abord conjecturé par Gauss, puis démontré simultanément par plusieurs mathématiciens

77. *Ibid.*, p. 114.
78. Cf. *Ibid.*, pp. 115-117 et NR, pp. 250-255 principalement.

en 1896 dont Hadamard[79]) énonce que le nombre $\pi(x)$ de nombres premiers inférieurs ou égal à un nombre réel x, est voisin de $x/(\log x)$ quand x devient très grand[80]. Des approximations de plus en plus fines ont été progressivement données, mais l'important est que la démonstration du théorème comme ses raffinements ultérieurs font intervenir la fonction ζ, dont Euler, avant Riemann, avait donné la forme.

Concernant les rapports entres nombres entiers et premiers, Euler avait établi l'égalité suivante :

$$\frac{1}{1}+\frac{1}{4}+\frac{1}{9}+\ldots=\frac{4}{3}+\frac{9}{8}+\frac{25}{24}+\ldots$$

Ce qui peut s'écrire de la façon suivante :

$$\frac{1}{1^2}+\frac{1}{2^2}+\frac{1}{3^2}+\ldots=\frac{2^2}{2^2-1}\;\frac{3^2}{3^2-1}\;\frac{5^2}{5^2-1}$$

A gauche on a la somme des inverses des nombres entiers (1, 2, 3, ...) élevés au carrés, à droite la somme des quotients des nombres premiers (2, 3, 5, ...) élevés au carré et divisés par ces carrés moins 1. Cette dernière égalité, appelée *identité d'Euler*, lie étroitement la progression des nombres premiers à celle des nombres entiers, et reste valable lorsqu'on remplace l'élévation au carré par une élévation à la puissance s :

$$\frac{1}{1^s}+\frac{1}{2^s}+\frac{1}{3^s}+\ldots=\frac{2^s}{2^s-1}\;\frac{3^s}{3^s-1}\;\frac{5^s}{5^s-1}+\ldots$$

On peut identifier la fonction $\zeta(s)$, pour s réel supérieur à 1 et n parcourant les entiers naturels, au membre de gauche qui est une somme infinie des éléments

79. Jacques Hadamard (1865-1963), mathématicien français. Son mémoire de 1896 s'intitule « *Sur la distribution des zéros de la fonction* $\zeta(s)$ *et ses conséquences arithmétiques* ».

80. *log x* est la fonction logarithme.

successifs d'une suite ; on définit cette somme comme une série[81] de terme général. $1/n^s$. $\zeta(s)$ est donc représentable sous la forme suivante :

$$\zeta(s) = \sum_{n=1}^{\infty} \frac{1}{n^s}$$

De plus, Euler avait montré, pour s réel, que cette série est égale au produit infini[82] d'un ensemble de termes. Ce qui donne l'égalité suivante :

$$\zeta(s) = \prod_{P} \frac{1}{1 - \frac{1}{p^s}}$$

Ici p parcourt l'ensemble P des nombres *premiers* dans l'ordre croissant. Ces égalités successives rendent tout-à-fait explicite le lien entre ζ et la distribution des nombres premiers.

C'est dans ce cadre que le mémoire de Riemann de 1859 intitulé *Sur le nombre de nombres premiers inférieurs à une taille donnée*, prend toute son importance. Riemann y généralise ces formulations d'Euler aux nombres complexes[83] pour les valeurs de s, moyennant une extension du domaine de définition de ζ. Dans ce

81. Soit u_n une suite d'éléments où n est un nombre entier variant de 1 à l'infini, et à valeurs dans un corps K. On appelle *série de terme général* u_n la somme infinie de tous les éléments u_i pris de façon ordonnée, ce qui se note $s_n = \sum_{n=0}^{\infty} u_n$. Une telle série u_n est dite *entière* si elle est une sorte de polynôme infini de forme $a_0 + a_1 s + a_2 s^2 + a_3 s^3 + \ldots + a_n s^n$ où chaque u_i est le terme d'ordre i de la série, et s_i la somme partielle associée.

82. La définition d'un produit Π ressemble à celle d'une série Σ, la multiplication remplaçant l'addition.

83. Un nombre complexe est de forme $a+bi$, ou a et b sont des nombres réels, et où i est défini par l'égalité $i^2 = -1$ (« i » pour « imaginaire ») ; a est appelé la « partie réelle » du nombre, bi la « partie imaginaire ». L'ensemble des nombres complexes est noté $\mathbb{C}$.

mémoire, où il développe de nouveaux points de vue et des méthodes puissantes de calcul en théorie analytique des nombres[84], il revisite aussi la conjecture de Gauss sur $\pi(x)$ et son lien avec $\zeta(s)$, et améliore notablement les conditions qui permettent de montrer que *la position des « zéros » de $\zeta(s)$, c'est-à-dire des valeurs pour lesquelles cette fonction s'annule, fournit la position des nombres premiers dans la suite des nombres entiers.*

L'hypothèse de Riemann (1859)

L'hypothèse de Riemann vient enrichir le sens de ce lien fondamental qui existe entre $\pi(x)$ et $\zeta(s)$, dont la formulation précise est sophistiquée[85]. Les éléments essentiels concernant cette hypothèse sont les suivants.

L'étude de $\zeta(s)$ montre qu'elle passe par la valeur 0, et ce dans deux types de cas : certains dits « triviaux », c'est-à-dire non intéressants pour la question des nombres premiers (notamment ceux dont la partie réelle est négative), et d'autres « non triviaux ». La question est de savoir pour quelles valeurs non triviales de s on a $\zeta(s) = 0$, c'est-à-dire quels sont ces « zéros » non triviaux de ζ, *parce que ce sont eux qui sont porteurs de l'information-clé recherchée* : c'est sur cela que porte l'hypothèse de Riemann.

Le domaine de définition précis de $\zeta(s)$ est l'ensemble des nombres complexes de partie imaginaire stricte-

84. Techniquement parlant ζ est une fonction *analytique*, c'est-à-dire localement (au voisinage de chaque point) représentable en série entière, en l'occurrence par la série de Riemann de terme général $1/n^a$ (avec a réel positif et n entier positif) dont les sommes partielles sont : $1 + 1/2^a + 1/3^a + \ldots + 1/n^a$.

85. Le lien direct entre $\pi(x)$ et $\zeta(s)$ est donné par la formule : $\log \zeta(s) = s\int_2^{\infty} \frac{\pi(x)}{x(x^s-1)}\,dx$. $\int$ est le symbole de l'intégrale. L'expression $\int_a^b f(x)dx$ signifie l'intégrale de la fonction $f(x)$ sur l'intervalle $[a,b]$.

ment positive, ensemble que l'on appelle le demi-plan de Poincaré[86]. Le comportement de $\zeta(s)$ est difficilement visualisable. Même si, indirectement, c'est techniquement possible, il faut avoir à l'esprit que les valeurs de s et $\zeta(s)$, puisqu'elles sont complexes, se figurent géométriquement chacune selon deux axes, ce qui nécessiterait une figure globale à 4 dimensions ! Cela montre en passant que la question apparemment simple des nombres premiers exige la médiation des profondeurs de l'abstraction.

La représentation simplifiée suivante, dans le cas où s et $\zeta(s)$ sont de valeur réelle (s compris entre 0,9 et 1,1), suffira pour notre propos[87] :

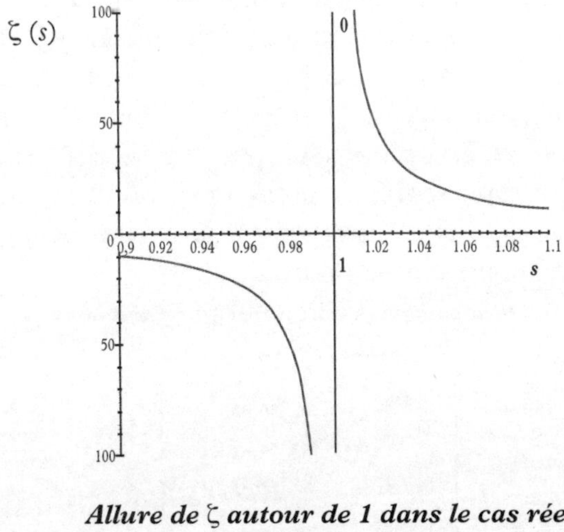

Allure de ζ autour de 1 dans le cas réel.

86. On peut le visualiser comme le demi-plan supérieur du plan euclidien (ou cartésien) habituel muni d'un repère orthonormé, avec l'origine 0, l'axe des abscisses x et l'axe des ordonnées y représentant respectivement la partie réelle a et la partie imaginaire b de s. On peut étendre ce domaine de définition au moyen du procédé, utilisé par Riemann, du « prolongement analytique ». Voir aussi le second schéma ci-dessous.

87. Repris à : http://villemin.gerard.free.fr/Wwwgvmm/Identite/Zeta.htm#Identité.

Lorsque s est supérieur à 1, la série comme le produit infini représentant $\zeta(s)$ convergent, c'est-à-dire tendent vers une limite. Mais on voit ci-dessus que lorsque la partie réelle de s est inférieure où égale à 1, $\zeta(s)$ *diverge*[88], c'est-à-dire « tend » vers l'infini de façon asymptotique par rapport à la droite d'abscisse 1. Plus généralement, c'est dans la « bande critique » verticale comprise entre 0 et 1 que les choses deviennent délicates.

Ce qu'énonce Riemann sans démonstration (ni tentative de démonstration, puisque son objet principal n'est pas celui-ci dans le mémoire de 1859), c'est que *les zéros non triviaux de $\zeta(s)$, pour s complexe, ont tous pour partie réelle 1/2.* Autrement dit ils sont tous de forme $1/2 + bi$: ils appartiennent, dans le demi-plan de Poincaré, à la droite d'abscisse constante 1/2, et prennent une infinité de valeurs bi imaginaires, b étant de surcroît toujours un nombre irrationnel. Le premier se trouve en $1/2 + i.14{,}13\ldots$

On peut représenter de la façon suivante cette droite des zéros, où a en abscisse est la partie réelle, b en ordonnée la partie imaginaire de s :

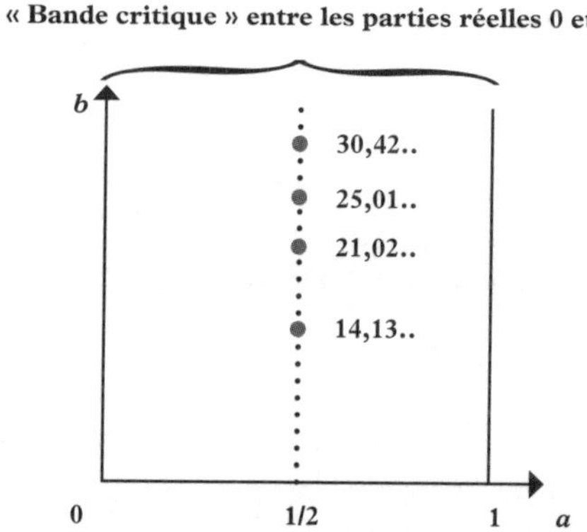

Les premiers zéros de $\zeta(s)$ dans le demi-plan de Poincaré

88. Une série « converge » et « diverge » au même sens qu'une suite : respectivement, elle tend vers une limite ou n'en a pas.

L'hypothèse de Riemann est souvent considérée comme le plus important problème encore ouvert des mathématiques pures. Elle permet de démontrer une multitude de conséquences importantes au sujet du comportement asymptotique de beaucoup de fonctions arithmétiques qui se trouvent liées à ζ, et l'on peut même élaborer une formule exprimant chaque nombre premier en fonction des zéros de la fonction ζ de Riemann. D'où le fait qu'elle ait fasciné des générations entières de mathématiciens, et suscité tant de tentatives de démonstration, toujours infructueuses jusqu'à aujourd'hui. En effet, si tous les calculs numériques effectués à ce jour lui sont conformes (plus d'un milliard de zéros ont pu être calculés par informatique, tous de valeur réelle 1/2), en revanche aucune preuve n'en a encore été produite, ce qui en fait toujours l'un des grands mystères des mathématiques contemporaines.

Elle constituait déjà le huitième des vingt-trois problèmes que Hilbert listait en 1900 dans *Sur les problèmes futurs des mathématiques*[89]. Un siècle plus tard en 2000, le *Clay* Mathematics Institute of Cambridge (Massachusetts, USA) a offert, comme pour six autres conjectures, un prix d'un million de dollars à qui la démontrerait. Aujourd'hui, cent cinquante ans exactement après sa formulation, elle attend toujours sa preuve.

Que retient Lautman de tout cela ? ζ est une fonction définie sur les nombres complexes, c'est en premier lieu une entité analytico-géométrique, dont le domaine de définition est *continu*. Or l'étude du comportement de

89. *Sur les problèmes futur des mathématiques*, *op. cit.*, p. 28.

ζ permet de mettre en évidence des informations touchant la répartition discrète (*discontinue*) des nombres premiers. Relativement à l'Idée-couple du continu et du discontinu, tous ces résultats tendraient donc à établir la priorité du continu dont relève l'analyse, sur le discontinu dont relève l'arithmétique

Pourtant selon Lautman cette priorité « *n'est qu'apparente* »[90]. C'est à partir de l'examen d'une généralisation de certaines propriétés de ζ, effectuée en théorie analytique des nombres, qu'il opère ce renversement de perspective et en propose un puissant enseignement philosophique.

4.3.2.- Généralisation et renversement du problème : vers une priorité du discontinu arithmétique ?

Cette théorie étant particulièrement difficile, on limitera la présentation de l'argumentation de Lautman aux éléments suivants. On peut généraliser $\zeta(s)$, au-delà de $\mathbb{R}$ et de $\mathbb{C}$, à une fonction $\zeta_K(s)$ définie sur un corps quelconque K. L'essentiel est la généralisation dans K des notions de nombre entier n et de nombre premier p, à des ensembles de nombres appelés respectivement « *idéaux* » *entiers* et « *idéaux* » premiers, qui sont obtenus d'une façon plus élaborée au niveau algébrique[91]. *$\zeta_K(s)$ généralise alors les connaissances obtenues par ζ sur les nombres premiers : on peut établir de façon analogue aux cas antérieurs, une loi de répartition des idéaux premiers*[92] *relativement aux idéaux entiers de K.*

90. EUD, p. 116.

91. La définition et les propriétés des idéaux sont présentées par Lautman en *Ibid.*, pp. 115-116.

92. Cf. *Ibid.*, p. 116.

Comme avec ζ, cela montre que la $\zeta_K(s)$ relevant du continu permet d'établir des propriétés relatives à la structure discontinue organisant les idéaux premiers. Cependant l'étude de $\zeta_K(s)$ fait apparaître un lien remarquable entre ce résultat sur la répartition des idéaux premiers et le nombre h des « classes » d'idéaux entiers de K. Ces classes contiennent respectivement les idéaux que l'on a apparentés sur la base d'une relation d'équivalence, laquelle, en dernière instance, est définie dans les termes des ensembles que l'on peut engendrer à partir des multiples d'un seul nombre entier.

Lautman propose une interprétation particulière de la relation remarquable entre $\zeta_K(s)$ et ces h classes : pour lui ces classes sont en réalité déterminées de façon *préalable* à la formulation de la fonction $\zeta_K(s)$. Ce qui signifie que la détermination des h classes d'idéaux *est ce à partir de quoi des propriétés essentielles de la fonction $\zeta_K(s)$ sont établies.* Ce qui, pour Lautman, renverse la priorité initialement apparente de l'analyse sur l'arithmétique[93] :

> « *La détermination de la fonction $\zeta_K(s)$ s'appuie ainsi sur la décomposition arithmétique préalable des idéaux de K en h classes d'idéaux. Ce n'est plus là, à proprement parler, de la théorie analytique des nombres, c'est bien plutôt un fait de la théorie des origines arithmétiques de certaines fonctions analytiques. En somme on obtient le schéma suivant : la décomposition en classes du corps K permet de conclure à l'existence de la fonction $\zeta_K(s)$ dont la connaissance peut, par choc en retour sur le corps de base, servir à une étude approfondie de ce corps* »[94] .

93. Cf. *Ibid.*, p. 117.
94. *Ibid.*, p. 116 – nous soulignons.

La décomposition « préalable » en classes d'idéaux dans K est pour Lautman une démarche « arithmétique » au sens où elle repose sur la structure discontinue de ces classes, analogue à la structure discontinue des entiers. Dès lors, le renversement est opéré. Contrairement au cas initial, se manifeste ici un primat du « discontinu » (arithmétique) sur le « continu » (analytique). Ce que Lautman résume de la façon suivante :

> *« Il est possible, dans certains cas, d'associer de façon plus étroite la genèse de certaines fonctions analytiques au domaine discontinu qui résulte de la décomposition d'un ensemble en classes d'éléments équivalents : il se peut alors que ces fonctions soient ultérieurement susceptibles de servir à explorer les propriétés arithmétiques plus cachées de ce corps dont elles dépendent, mais leur existence même comme fonctions analytiques liées à un domaine de discontinuité est d'un intérêt mathématique et philosophique considérable »*[95]

Considérable intérêt philosophique, en effet : l'enquête révèle, selon les « cas », le va-et-vient entre analyse et arithmétique, la réciprocité de leurs techniques, et plus généralement, atteste la complémentarité autant que l'opposition des deux notions qui constituent l'Idée dialectique du continu et du discontinu. La réciprocité entre la stratification des niveaux (corps de base, genèse d'une fonction analytique, résultats nouveaux sur le corps) et la communication par « choc en retour » qui s'établit entre ces niveaux entretiennent témoigne du caractère organique et unitaire des rapports pluriels d'imitation qu'entretiennent analyse et arithmétique.

95. *Ibid.*

Ce qui amène naturellement Lautman, à l'occasion de son long examen de la théorie analytique des nombres dans les *Nouvelles recherches sur la structure dialectique des mathématiques*[96], à reconduire son leitmotiv :

> « *On peut d'une étroite imitation de structure entre l'analyse et l'arithmétique, dégager l'idée de certaines structures dialectiques, antérieures à la diversification des mathématiques en théories distinctes, et telles que l'arithmétique et l'analyse, loin d'être respectivement plus simple et plus complexe l'une que l'autre, soient au même plan et à titre égal, des réalisations de cette dialectique qui les domine* »[97].

Derrière les renversements de priorité qui caractérisent analyse et arithmétique, c'est donc la transversalité des structures algébriques qui permet de déterminer les modalités de toute « structuration », transversalité qui elle-même émane du dynamisme des Idées. C'est donc toujours la subordination du mathématique à l'Idée dialectique qui est pour Lautman le véritable principe.

4.4.- Local et global : l'exemple de l'imprédicativité

Dans son analyse de l'opposition des mathématiques du fini et de l'infini, Lautman prend également position à partir d'un même argument sur la *présupposition mutuelle du local et du global*, question centrale depuis la fin du XIXe siècle, en géométrie différentielle en particulier, dont un exemple simple aidera à prendre la mesure, celui des définitions non-prédicatives.

96. NR, pp. 250-255.
97. *Ibid.*, p. 246 – nous soulignons.

Un des débats de la crise des fondements du début du XIXe siècle[98] portait sur ce qu'est une définition légitime d'un objet mathématique. Un argument intuitionniste ou constructiviste fort était qu'une définition d'un nouvel objet doit être *prédicative*, c'est-à-dire ne se référer qu'à des ensembles établis antérieurement à ce nouvel objet défini. On qualifie d'imprédicative, en revanche, une définition ne respectant pas cette contrainte, c'est-à-dire définissant un objet en fonction de l'ensemble auquel il appartient. La définition présuppose alors cet ensemble, qui pourtant ne semble pouvoir être correctement défini qui si tous les objets qui en sont membres le sont déjà.

La définition imprédicative ressemble donc à une pétition de principe, et se voit frappée d'illégitimité en raison de cette circularité. Tout comme l'infini actuel a été refusé par nombre de logiciens ou mathématiciens, ces définitions ont diversement été critiquées lors de la crise des fondements au motif qu'elles instituent des domaines d'objets sans en exhiber la genèse, la construction. Cette critique *nominaliste* au sens large du terme, pour laquelle Lautman a relativement peu de considération[99], estime qu'en l'absence d'une telle construction explicite, l'objet n'est qu'un « nom »,

98. Cf. ici-même, ch. I, § 1.4.

99. Elle est pourtant d'une grande richesse, notamment parce qu'elle met le doigt avec une orientation persistante (bien que ses courants soient très diversifiés) sur les inconséquences du réalisme *mathématique* commun : celui-ci infère de l'expérience d'une contrainte rationnelle, l'existence d'une réalité qui serait le véhicule ou la source de cette contrainte, or cette inférence n'a pas de légitimité. Cette « ontologisation » de la résistance objective, c'est aussi celle que combat Lautman comme on l'a déjà vu en partie au chapitre I. Voir la synthèse de J. Largeault, *Enquête sur le nominalisme,* Paris/Louvain, Nauwelaerts, 1971.

qu'un symbole, et non un *objet* authentique. D'où l'exigence corrélative de définitions *génétiques*, procédant à la genèse d'un nouvel objet à partir de déterminations clairement établies.

Lautman, lui, refuse de rejeter les définitions imprédicatives[100], à l'image de la mathématique algébrique moderne. Mais l'esprit de Hilbert était comparable, en raison du primat qu'il accordait aux définitions *axiomatiques*. En effet, pour ce dernier, une définition axiomatique c'est, en résumé, une définition implicite (structurale, comme on l'a vu plus haut au sujet du couple structure-existence en logique mathématique) d'un objet par un système d'axiomes, l'objet étant *ce qui peut satisfaire, ce qui peut servir d'argument à un système d'axiomes*. Les définitions axiomatiques se font donc le plus souvent *en compréhension*[101], c'est-à-dire définissent un ensemble d'objets en fixant d'abord explicitement la propriété à laquelle ils doivent satisfaire.

Corrélat important : les définitions axiomatiques éventuellement imprédicatives récusent l'idée d'une extériorité des objets aux systèmes d'axiomes posés. Définis implicitement par les axiomes, ceux-ci sont internalisés dans les structures : d'où la prédominance chez les algébristes du point de vue des domaines et des structures (groupes, anneaux, corps, etc.) définis axiomatiquement sur ceux-ci, sur le point de vue, second et dérivé, des objets ou éléments prenant place dans ces structures, c'est-à-dire le primat du point de vue « structural » sur le point de vue « extensif ».

100. ESE, pp. 147-148.

101. Et non en *extension*, où l'on part d'un ensemble d'objets pour établir ensuite une propriété leur correspondant. Cf. AMD, p. 69.

Ce rapport entre local et global intéresse Lautman au plus haut point. Et à l'occasion des exemples variés par lesquelles il l'illustre[102], il insiste sur un élément transversal : ce rapport invite directement à comparer les théories à des *organismes*[103] formant des totalités irréductibles à la somme de leurs parties. Dans un organisme, chaque partie reflète et incarne le tout – chaque partie *est* le tout :

> *« [On peut] établir une liaison entre la structure du tout et les propriétés des parties par quoi se manifeste dans les parties l'influence organisatrice du tout auquel elles appartiennent. [...] Il est évident que l'être mathématique tel que nous le concevons n'est pas sans analogie avec un être vivant : nous croyons cependant que l'idée de l'action organisatrice d'une structure sur les éléments d'un ensemble est pleinement intelligible en mathématiques, même si transportée en d'autres domaines[104] elle perd de sa limpidité rationnelle »[105].*

L'imprédicativité utilise la structure (globale) pour définir l'objet (local), même si cette structure n'est pas

102. ESE, pp. 122-123 et surtout 145-148.

103. MR, p. 48.

104. Le modèle organiciste, par exemple en sociologie depuis le XIXe siècle, est d'un maniement délicat. La vertu heuristique de la comparaison de la société à un organisme, avec ses divers organes, ses fonctions vitales, etc., a pu dans certaines variantes socio-biologiques radicales produire son contraire : une conception naturaliste et figée des dysfonctionnements sociaux, assimilés à des maladies nuisibles par rapport à un modèle de bonne « santé », de fonctionnement « normal » de l'organisme dans son ensemble – maladies auxquelles il faut alors trouver des « soins » ou des techniques d'éradication efficaces. Relativement aux groupes sociaux associés à ces maladies, on voit très vite le danger potentiel de cette conception.

105. ESE, p. 140.

totalement déterminée techniquement : c'est tout simplement la traduction *technique* de ce caractère *organique* des mathématiques, c'est-à-dire le fait que le tout de l'organisme se reflète dans chacune de ses parties, parties qui, à l'image des organes d'un corps, sont à la fois une partie du corps, et le corps lui-même dans son entier. Outre le thème de l'unité, on retrouve l'idée (vue en début de chapitre) que l'objectivité mathématique se situe bien au niveau des théories et pas au niveau d'objets particuliers définis en elles : la véritable vitalité mathématique, c'est celle des structures et de leur dynamisme, pas celle des éléments variables qui prennent place ici ou là au sein de ces structures.

4.5.- La montée vers l'absolu : du fondé au fondement, le temps dialectique

La remontée des théories aux Idées qui les dominent s'apparente pour Lautman à une « montée vers l'absolu »[106] dont la preuve ontologique cartésienne (ou « preuve de l'existence de Dieu »), dans sa version « preuve par le parfait » donne la formule.

L'argument de Descartes est la suivant : j'expérimente la présence en mon esprit de l'idée d'imperfection, qui renvoie à celle de perfection. Or la réalité objective, le contenu de cette idée de perfection, puisqu'il est fait d'absoluité et d'infinité, excède les capacités de mon entendement, qui est fini. Donc, je ne peux pas être la *cause* de la présence en moi de cette idée de perfection : il ne peut pas y avoir plus dans l'effet que dans sa cause. Autrement dit, la cause de cette idée de parfait doit être elle-même parfaite. Et puisque exister

106. *Ibid.*, p. 165 et suiv.

est une perfection, ontologiquement plus consistante que la privation d'existence, la cause de cette idée de perfection existe. Donc Dieu existe.

Ce passage de notre imperfection à la perfection divine dont l'infinité est cause ontologique de notre idée d'infini représente, pour Lautman, une « démarche dialectique essentielle »[107], au cours de laquelle l'imperfection, avec ses obscurités, prend son ampleur et son sens de l'écart qui la relie à la perfection dont elle est un produit dérivé. En effet, si l'on remonte de l'imperfection à la perfection, il faut bien garder à l'esprit que c'est la perfection qui *fonde* l'imperfection et la rend ontologiquement possible.

Lautman apparente ici Platon à Descartes, le réalisme des Idées du premier à l'innéisme du second, et cette démarche dialectique essentielle marque l'effectivité de ce qu'on l'on appellera un authentique *temps dialectique*, manifesté par le fait *d'une unification par l'avenir correspondant à un retour au logiquement antérieur*. Lautman va transposer ce schéma de la « montée » de l'imperfection à la perfection comme retour au principe dans le champ des théories algébriques, dans lesquelles ils puise les exemples à ses yeux les plus représentatifs.

Galois[108] et les extensions de corps

Le principe de la description épistémologique telle que Lautman la conçoit sera donc celui de la remontée, à partir d'une réalité mathématique imparfaite donnée, vers la structure parfaite dont cette réalité

107. *Ibid.*, III, « La montée vers l'absolu », p. 165.
108. Evariste Galois* (1811-1832), mathématicien français.

mathématique sera rétrospectivement perçue comme une « dégradation ». Un exemple relativement simple peut être puisé dans la théorie de Galois[109]. Lautman prend le polynôme $x^2 - 2$. Ses racines, c'est-à-dire les nombres pour lesquels $x^2 - 2 = 0$, sont $+\sqrt{2}$ et $-\sqrt{2}$. $x^2 - 2$ est donc *irréductible* dans le corps $\mathbb{Q}$ des nombres rationnels, puisque ces deux racines sont bien connues pour être irrationnelles. $\mathbb{Q}$ est donc affecté d'une *imperfection*. Mais on peut adjoindre à $\mathbb{Q}$ ces deux racines, et construire $\mathbb{Q} \cup \{+\sqrt{2}, -\sqrt{2}\}$. $\cup$ signifiant l'union, et $\{+\sqrt{2}, -\sqrt{2}\}$ l'ensemble des deux nombres $+\sqrt{2}$ et $-\sqrt{2}$. $\mathbb{Q} \cup \{+\sqrt{2}, -\sqrt{2}\}$ est l'ensemble des rationnels *auquel on ajoute* $+\sqrt{2}$ et $-\sqrt{2}$: cet ajout implique que $\mathbb{Q} \cup \{+\sqrt{2}, -\sqrt{2}\}$ est une *extension* de $\mathbb{Q}$. Dans cette extension le polynôme $x^2 - 2$ devient *réductible*, c'est-à-dire que l'ensemble *extension* contient, dorénavant, ses racines. Comme $\mathbb{Q} \cup \{+\sqrt{2}, -\sqrt{2}\}$ est une *extension* de $\mathbb{Q}$, $\mathbb{Q}$ est *inclus* dans $\mathbb{Q} \cup \{+\sqrt{2}, -\sqrt{2}\}$, ce que l'on peut écrire $\mathbb{Q} \subset \mathbb{Q} \cup \{+\sqrt{2}, -\sqrt{2}\}$.

On peut de là construire une série de corps dont chacun est inclus dans le suivant. Ainsi l'ensemble $\mathbb{R}$ des nombres réels et l'ensemble $\mathbb{C}$ des nombres complexes (de forme $a + bi$, où $i^2 = -1$) peuvent donc être regardés comme extensions de $\mathbb{Q}$. Mais la poupée gigogne trouve à s'arrêter lorsque l'on passe à une extension qui va, par définition, inclure *toutes* les racines possibles d'un polynôme quelconque (le théorème fondamental de l'algèbre stipule qu'un polynôme de degré n possède n racines réelles ou imaginaires).

Dès lors, le corps étendu ($\mathbb{C}$) apparaît rétrospectivement comme l'élément parfait et complet, comme l'*absolu* vers lequel tendait, en comparaison, le corps

109. ESE, pp. 166-168.

initial imparfait. Ce qui revient à dire que le corps initial présuppose le corps étendu, auquel, dans l'ordre des raisons, c'est-à-dire en termes de relations de subordination au sein de l'architecture globale, il est subordonné. Mais si dans l'ordre déductif le corps initial est subordonné au corps étendu, dans l'ordre de la recherche mathématique, d'un point de vue historique, la mise en évidence du corps étendu et la clarification de ses propriétés est venue *après* celle du corps initial : c'est parce que la remontée au principe conceptuel inverse le cours de l'histoire que Lautman parle d'une *temporalité dialectique*, et non historique.

Le propre de la connaissance scientifique, c'est plus généralement de réorganiser au cours du temps le système de ses principes, et de substituer aux liens plus ou moins contingents issus d'un processus de découverte ou de création affecté d'aléas variés, des liens de dépendance logique pleinement rationalisés : tel est ce que Bachelard définissait, avec un lexique dialectique comparable à celui de Lautman sur ce point, la « récurrence » de la science[110].

Récapitulons. Les théories mathématiques, toujours particulières, sont pour Lautman des incarnations d'Idées dialectiques, abstraites, générales, et organisées en couples de notions contraires. Deux ou plusieurs théories très différentes d'apparence, portant sur des objets différents avec des méthodes différentes, se voient éclairées d'un nouveau jour, dès lors qu'on montre qu'en profondeur, dans leur organisation fondamentale et dans leurs modes opératoires principaux,

110. Cf. ci-dessus le § 1.1.1. « La division ».

leurs particularités distinctives ne sont qu'un aspect *secondaire* par rapport à ce qu'elles possèdent en commun : le fait d'être les incarnations *d'un même couple de notions*.

Tout l'objet du discours philosophique selon Lautman, c'est *d'illustrer ce fait*, comme la variété des exemples qu'il prend en témoigne, et montrer comment le principe unificateur à l'origine de ce fait *opère*. Tout la difficulté est alors de justifier, d'étayer l'interprétation *métaphysique* qu'il donne de ce processus : cette conception d'une domination dialectique des théories par des Idées supérieures, domination assurant l'unité de la réalité multiforme qui est véhiculée ou qui semble être attestée par les mathématiques.

Or, si cette conception métaphysique est originale, et stimulante parce qu'elle « fonctionne » efficacement, dans la mesure où les rapprochements instruits que Lautman propose à partir d'elle sont tout-à-fait convaincants ou du moins éclairants (et parce que ces rapprochements sont effectués avec une maîtrise du domaine clairement reconnue par les mathématiciens eux-mêmes), cela ne veut pas dire qu'elles ne comporte pas des tensions, des zones d'ombre, du moins des implicites qui la rendent parfois philosophiquement opaque.

Ce sont ces difficultés, ces tensions internes proprement philosophiques qui font l'objet du chapitre III.

III

La différence ontologique face à l'histoire

Dans ce chapitre, nous détaillons les emprunts souvent « sauvages » que Lautman fait à différents philosophes pour construire son modèle de compréhension du développement, passé et à venir, des mathématiques, et les torsions parfois violentes qu'il fait subir aux notions prélevées pour y parvenir.

Pour lui la domination des théories par les Idées, telles qu'il les entend, et l'affirmation de leur différence de nature, c'est-à-dire leur « différence ontologique », implique deux regards réciproques, on vient de le voir diversement. Le premier regard est « descendant » : il s'efforce de voir la façon dont l'Idée se réalise dans une matière mathématique qu'elle organise, à l'image de l'examen mené de la fonction ζ, comment l'Idée-couple du continu et du discontinu s'incarne dans certains rapports entre arithmétique et analyse. Le second regard est au contraire « ascendant » : il s'efforce de saisir (et de montrer) comment une matière mathématique se constitue *dans* et *par* la mobilisation d'une Idée-structure qu'elle amène à la complétion : par exemple, étudier les propriétés des définitions non-prédicatives implique de les mettre en perspective avec l'Idée-couple du local et du global, par laquelle leur signification « *organique* » devient accessible, mais simultanément à laquelle ces définitions donnent un visage et une consistance particuliers.

Ces deux regards sont tout autant deux *méthodes de lecture* des théories, méthodes que Lautman présente comme « descriptives »[1], ce qui ne va pas de soi puisqu'elles décrivent quelque chose qui ne se donne qu'*indirectement*. Contrairement à Platon, il ne peut y avoir pour lui de connaissance contemplative *directe* des Idées :

> « *En tant que problèmes posés, relatifs aux liaisons que sont susceptibles de soutenir entre elles certaines notions dialectiques, les Idées de cette dialectique sont certainement transcendantes (au sens habituel) par rapport aux mathématiques. Par contre, comme tout effort pour apporter une réponse au problème de cette liaison est, par la nature même des choses, constitution de théories mathématiques effectives, il est justifié d'interpréter la structure d'ensemble en termes d'immanence pour le schéma logique de la solution cherchée. Il existe donc un lien intime entre la transcendance des Idées et l'immanence de la structure logique de la solution d'un problème dialectique au sein des mathématiques* »[2].

Affirmer la transcendance de l'Idée par rapport aux théories effectives, c'est certainement être fidèle « au sens

1. ESE, p. 132.
2. NR, p. 244.

habituel » à Platon ; mais affirmer en même temps l'immanence de l'Idée à ces théories, c'est le tordre, si l'on entend par là que les Idées et les théories sont de même nature. Ce qu'il va falloir éclairer en premier lieu dans ce chapitre, c'est cette conception lautmanienne de la transcendance de la forme sur la matière, conception qui ne saurait être figée puisque, à l'image des deux « regards » complémentaires évoqués à l'instant, le rapport entre matière et forme s'énonce sous deux points de vue :

> *« Notre intention [est] de montrer deux aspects réciproques : l'essence d'une forme se réalisant au sein d'une matière qu'elle créerait, l'essence d'une matière faisant naître les formes que sa structure dessine »*[3].

Tout tourne donc autour de ce que Lautman entend par transcendance. Ce sera un enjeu de la référence à Heidegger, puis de la confrontation à Hegel que nous en proposerons plus loin. De son côté, Lautman affirme qu'il s'insère très bien dans certaines des « interprétations les plus autorisées du platonisme »[4] de son époque, dont celle de Léon Robin[5], qui relisent les textes-clés de Platon (*Sophiste*, *Philèbe*, *Parménide*, etc.), ainsi que la doctrine orale de ce dernier, dite des « premiers principes ». Ce que l'on va voir, c'est qu'en fait, Lautman n'est véritablement fidèle *à aucune* des autorités philosophiques qu'il convoque, Platon en tête : c'est la logique originale de ces infidélités qu'il faut décrypter maintenant, en suivant le fil conducteur de son enquête, la grande énigme de l'Un et du Multiple.

3. ESE, p. 186.
4. *Ibid.*, p. 230.
5. Léon Robin* (1866-1947), historien français de la philosophie antique.

1.- Un néo-platonisme équivoque

1.1.- L'un et le multiple

L'histoire des théories mathématiques se laisse parfaitement décrire comme une *expérience continuée, en cours de réélaboration permanente,* faisant, le temps passant, l'épreuve de son organicité. Mais ce leitmotiv de *l'unité procédurale* des mathématiques sous la multiplicité des méthodes, qui a tant plu au mathématicien Jean Dieudonné, doit être élargi, puisqu'il faut rendre raison à la fois :

(i) de l'unité de la « réalité » mathématique dont on a déjà vu qu'elle était caractérisée par une multiplicité de visages – *faits, êtres, théories, Idées* ;

(ii) de l'unité de la réalité physique *sous* ou *à travers* la multiplicité des phénomènes observés ou expérimentés ;

(iii) de *l'unité proprement ontologique, spécifique, des Idées elles-mêmes* qui sont au principe des deux premiers types d'unité ; une Idée est en effet elle-même un visage du problème ; elle est par soi une et multiple, puisqu'elle est *couple* de notions contraires.

Le programme de recherche que se donnait Lautman, et qu'il n'a pu mener à terme, tient dans la formulation suivante, issue de la séance de la Société Française de Philosophie animée avec Cavaillès en 1939 :

> *« Il y a à édifier la théorie des Idées, et ceci exige trois sortes de recherche. Celles qui ressortissent à ce que Husserl appelle l'eidétique descriptive, c'est-à-dire, ici, la description de ces structures idéales, incarnées dans les Mathématiques et dont la richesse est inépuisable. Le spectacle de chacune de ces structures est à chaque fois plus qu'un exemple nouveau à l'appui d'une même thèse, car il n'est pas exclu qu'il soit possible, et c'est la seconde des tâches assignables*

> *à la philosophie mathématique, d'établir une hiérarchie des idées et une théorie de la genèse des idées les unes à partir des autres, comme l'avait envisagé Platon. Il reste enfin, et c'est la troisième des tâches annoncées, à refaire le Timée, c'est-à-dire à montrer, au sein des Idées elles-mêmes, les raisons de leur application à l'univers sensible »*[6].

Le projet d'une « eidétique descriptive », d'une classification des Idées entendues comme structures idéales (dans un sens non husserlien, c'est-à-dire non transcendantal, contrairement à ce que la référence suggère), ne concerne pas tant, on le voit, le rapport Idées-théories, que les Idées elles-mêmes. Quant à la troisième orientation, « Refaire le Timée », on y viendra au chapitre IV.

1.2.- Différence ontologique et participation : *Parménide*

Revenons d'abord sur le *Parménide*, dont Lautman reconduit l'interrogation générale : comprendre le rapport entre l'Un et le Multiple, c'est devoir comprendre le lieu d'où, et la façon dont, le multiple tire son être. Ce « lieu », c'est celui des Idées, cette façon, c'est celle de la « participation ». Dans la première partie du *Parménide*, réfléchissant à la façon dont on peut dire le multiple, dont on peut donner de l'être aux choses sensibles dans leur diversité, le jeune Socrate arrive à la thèse selon laquelle elles doivent tirer leur être de quelque chose qui soit d'une nature différente de la leur, qui puisse constituer un principe *permanent* d'existence.

C'est la thèse de la « *différence* » *ontologique* entre les choses sensibles et les Formes[7] (les Idées) qui doivent,

6. PM, p. 609.
7. *Parménide* 135e.

d'une façon ou d'une autre, être *séparées* (puisqu'elles sont d'une nature différente) de ces choses sensibles, mais à la fois telles que ces choses sensibles puissent en tirer leur être. Pour une chose sensible, tirer son être d'une telle Idée-forme, c'est « participer » à elle[8] : par exemple une personne, une statue ne sont belles que parce qu'elles participent à l'Idée de Beau. La notion de participation est d'abord proche de la notion pythagoricienne de « mimésis » ou ressemblance[9] : une chose est ce qu'elle est en vertu de sa ressemblance avec ce qui constitue pour elle un modèle, dont elle est donc une sorte de copie.

Seulement cette notion de participation est problématique : signifie-t-elle que l'Idée se « pluralise » dans les choses, au risque de se dissoudre en elles ? Et si ce n'est pas le cas, comment attester *l'unité et l'identité même de l'Idée* ? Dans la seconde partie du dialogue une série de huit hypothèses examine alors les types de rapports possibles entre l'Un et le Multiple à l'aune de cette interrogation générale, et traite en particulier de la façon dont les grands couples de « contraires » (tout-partie, fini-infini, limité-illimité, etc.[10]), contraires logiques ou non d'ailleurs très exactement comme chez Lautman, peuvent être dits ou non des choses multiples et de l'un.

8. *Ibid.*, 132c, 135b.

9. C'est ce qu'affirme Aristote en *Métaphysique*, A 6, 987b10.

10. L'ensemble des couples est le suivant : Un/Plusieurs - Divisible/Indivisible - Finies/infinies en nombre - En repos/En mouvement - Les mêmes/Différentes - Semblables/Dissemblables - En elles-mêmes/Relativement - Grandes/Petites - En contact/Déconnectées - Égales/Inégales. Voir aussi la table des opposés en Aristote, *Métaphysique*, A, 5, 986a, partiellement correspondants.

Les couples de Lautman ne sont pas exactement les mêmes, ne serait-ce que parce que l'histoire se charge pour lui d'en dévoiler de nouveaux, comme Structure/Existence.

En reconduisant cette interrogation, et de façon transversale, Lautman s'interroge de même sur la nature de cette « *methexis* » ou participation. Or il se trouve qu'il existe une autre façon, une façon converse, de poser le problème : en effet, la question de la médiation, de la mixité, de la *composition* est l'autre nom de cette question de la participation, et c'est essentiellement par ce biais que Lautman en traite.

1.3.- De l'indétermination à la « définition-résolution » : *Philèbe, Sophiste, Timée*

Chez Platon, le problème de la détermination trouve en partie sa formulation dans les dialogues *Sophiste* et *Philèbe* et même *Timée*. Toute réalité sensible n'existe que comme résultat d'une *composition* entre deux principes : le composé est résultat de l'action de la *peiras (limite) sur* l'*apeiron (l'illimité)*, au sens où exister, c'est être déterminé[11], être le résultat de l'action d'un principe producteur d'unité et de singularité, qui fait que telle chose A est *une* chose A, et une *chose A* (et pas B ou C) : être une chose déterminée, c'est par exemple être un *homme* (A) et pas un *cheval* (B), mais c'est aussi du même mouvement être *un* homme singulier, distinct de tous les autres, pourvu d'une indépassable unicité.

La *peiras* semble donc être le moyen par lequel une Idée in-*forme* un matériau plus ou moins indéterminé, le moyen par lequel, dans le *Sophiste*, le Même introduit de la stabilité dans l'Autre[12], ou encore celui par lequel dans le mythe du *Timée*, le Dieu (le Démiurge) créant

11. *Philèbe* 17c-d, 23c.
12. *Sophiste* 254e et suiv.

l'univers sensible à partir des Idées-formes qu'il prend comme modèles, *informe* la matière indéterminée ou *chôra*, également nommée la « cause errante » (par opposition à la forme qui est cause de permanence et d'ordre). Plus généralement, toute détermination dans l'ordre de la grandeur est l'œuvre de la *limite* afférente à l'Un, composant avec l'*illimité* afférent au multiple[13] : c'est de ce principe de composition que naissent les figures proto-mathématiques de toute forme d'égalité et de proportion, comme aussi de toute démarche d'*approximation*, c'est-à-dire de détermination la plus proche possible d'une grandeur donnée.

On a affaire ici à une forme d'arithmétique intelligible fondant à la façon pythagoricienne l'arithmétique des entiers naturels ainsi que la géométrie (laquelle repose chez Platon sur la théorie eudoxienne des proportions[14]). Ainsi dans le *Phédon* comprend-on que l'origine *unique* du « deux », ne pouvant être em-

13. Voir par exemple *Philèbe* 23b-24b : de ce qu'il y a, dans la réalité, du fini et de l'infini, il y a aussi une troisième espèce de réalité dont l'unité est issue de leur « mélange ».

14. Cette théorie des proportions entre grandeurs, attribuée à Eudoxe de Cnide (-408/-355), astronome, géomètre, médecin et philosophe grec, intervient au livre V des *Eléments* d'Euclide. Un rapport, c'est une relation selon la dimension entre deux grandeurs *du même type* (deux longueurs, deux aires, deux volumes, etc.). Lorsque les grandeurs a et b ont entre elles le même *rapport* que deux autres grandeurs c et d, c'est-à-dire si $a/b = c/d$, on dit qu'elles sont proportionnelles entre elles. Eudoxe a aussi construit sa théorie pour pallier les difficultés issues des grandeurs irrationnelles ou incommensurables (celles qui avaient fait sombrer la maison Pythagore : cf. ici-même ch. II, § 1.1.1), dont la théorie, présentée cette fois au livre X des *Eléments*, lui est également attribuée. Chez Platon, le concept central étant celui *d'intermédiaire*, de mixte, ce sont mathématiquement parlant ces notions de « rapport » et de « proportion » qui sont sous-jacents aux dialogues. Cf. J. Vuillemin, *Mathématiques platoniciennes et pythagoriciennes*, Paris, Blanchard, 2001.

pirique puisque l'empirique peut y amener de façon plurielle[15], implique de remonter au principe, c'est-à-dire à l'Idée de *dualité* qu'incarne la *dyade indéterminée*, relation pure entre deux termes différents.

Pour Lautman, ce qui fait l'unité et l'identité de l'Idée est d'« être un problème » : les Idées-couples sont relativement *indéterminées* en tant qu'elles sont ouvertes à une pluralité de liaisons *déterminées* possibles entre notions. Les Idées ont ainsi besoin d'une sorte de « matière » pour prendre corps, c'est-à-dire pour recevoir une pleine *détermination*. Or cette matière, c'est celle des signes mathématiques[16]. Autrement dit, le processus de détermination progressive de l'Idée *est l'affaire des mathématiques*, et non pas issu de propriétés des Idées elles-mêmes, ou d'une quelconque dialectique supérieure. La thèse de Lautman est fondamentale : ce n'est que le passage au concret des théories mathématiques qui peut fixer, proportionner, incarner, bref, « déterminer » l'Idée.

Voici ce que dit Lautman :

> « *La philosophie mathématique, telle que nous la concevons, ne consiste donc pas tant à retrouver un problème logique de la métaphysique classique au sein d'une théorie mathématique, qu'à appréhender globalement la structure de cette*

15. Cf. *Phédon* 96a-101b. De ce que l'on peut obtenir le 2 par adjonction de deux unités, mais aussi par « fractionnement » de l'unité, ces deux mouvements ou opérations étant contraires, les diverses voies concrètes par lesquelles on arrive à 2 ne peuvent garantir son *unicité* (96a-b). Il faut donc une autre méthode : s'adressant à Cébès, Socrate conclut au terme de son raisonnement que « *tu ne possèdes pas d'autre cause, expliquant que 2 commence d'exister, sinon sa participation à la Dualité [Dyade]... sinon enfin la participation à l'Unité [Un] pour tout ce qui doit être unité* » (101c).

16. RIT, p. 67.

> *théorie pour dégager le problème logique qui se trouve à la fois défini et résolu par l'existence même de cette théorie »*[17].

Cela signifie, d'une part, que certains problèmes, c'est-à-dire certains couples de notions (comme structure-existence), ne sont effectivement pas présents chez Platon : ce qui montre que l'histoire fait jaillir du neuf. Mais ce qui est surtout frappant ici, c'est bien que l'Idée-problème soit par elle-même *non définie*, non déterminée. Les théories mathématiques n'épuisent pas les « problèmes » auxquels elle donnent une solution déterminée : le fait qu'une solution soit apportée au problème ne le fait pas disparaître. Cela veut dire qu'il y a une différence de nature entre ces « problèmes » et leurs « solutions » mathématiques.

Rappelons-le : les problèmes, en fait, *ne sont pas par nature mathématique*. Pour qu'une solution (mathématique) leur soit donnée, il faut qu'ils prennent un visage, une forme adéquate (mathématique) : alors seulement une solution peut leur être apportée. Cela signifie que les Idées-problèmes *comme telles* sont partiellement indéterminées, et inaptes à produire quelque chose uniquement à partir d'elles-mêmes : ce qui en fait moins des principes d'être, comme chez Platon, que, d'une certaine façon, de simples *possibilités* d'être.

On peut donc tenter de formuler ainsi la façon dont Lautman conçoit la participation *: une théorie mathématique tire sa substance de l'Idée à laquelle elle participe, mais dans l'exacte mesure où la théorie donne un visage à quelque chose qui n'a pas (encore) de visage*. Chez Platon, l'Idée est ce qu'elle est indépendamment de ce qui participe d'elle ; chez Lautman ce n'est pas le cas : Idées et théories sont d'une certaine façon concomitantes.

17. ESE, 1937a, p. 229 – nous soulignons.

Le modèle lautmanien nous semble être celui, non pas d'une dérivation ontologique au sens classique et platonicien du terme, mais celui d'une *actualisation dialectique* : la naissance dans l'histoire d'une théorie mathématique et le passage du virtuel à l'actuel pour une Idée *sont un seul et même processus.* Autrement dit, la définition-résolution de l'Idée est le processus mathématique lui-même. Ou encore : les Idées ne sont pas *mathématiquement déterminantes,* ne prédéterminent en rien la forme et le contenu des théories naissant dans un contexte historique donné.

On voit poindre un important renversement de perspective : ici, la détermination est historique et de l'ordre de la « matière » (les théories) et l'indétermination dans la forme (l'Idée) ; chez Platon, c'est l'inverse. Tout cela va avoir une grande incidence sur le rapport entre ontologie et histoire : on y vient plus loin. Pour l'instant, il convient de traiter de la seconde référence à Platon, celle à sa doctrine non écrite des « premiers principes », évoquée par Lautman dans la conclusion de son *Essai sur les notions de structure et d'existence en mathématiques.*

1.4.- De l'Un et la Dyade aux Idées-nombres : sur la protologie de Platon

Au moment où Lautman intervient existe déjà un solide mouvement de rationalisation et de présentation systématique de l'œuvre platonicienne, dont O. Becker et J. Stenzel[18] en Allemagne, et L. Robin en France, furent dans la première moitié du XXe siècle

18. Oskar Becker (1889-1964), mathématicien et philosophe allemand, appartenant au courant phénoménologique, auteur en 1927 de *Mathematische Existenz* ; Julius Stenzel (1883-1935), philosophe allemand, auteur en 1924 de *Zahl und Gestalt bei Platon und Aristoteles.*

d'éminents acteurs. Lautman mobilise cette relecture dans le cadre d'un courte mais dense discussion des grandes orientations de la doctrine des Idées-Nombres et des premiers principes, ou « protologie », de Platon, doctrine dite « ésotérique » : elle est absente des dialogues écrits mais la tradition rapporte qu'elle a été dispensée oralement par Platon. C'est par les livres M et N de la *Métaphysique* d'Aristote principalement que nous y avons indirectement accès.

Aucune affirmation d'homogénéité de cette doctrine indirectement reçue ne saurait être prise pour argent comptant. D'une part le texte d'Aristote est complexe et conteste Platon, donc n'est pas neutre. D'autre part la compatibilité et la complémentarité avec celles des dialogues écrits fait toujours débat : certains commentateurs contemporains affirment que cette doctrine non écrite complète celle des dialogues, alors que d'autres pensent que les dialogues écrits contiennent déjà ce qu'il importe de savoir[19]. *En conséquence, la présentation qui suit, ramenée à l'essentiel pour notre propos, devra être prise avec précaution.*

Revenons sur l'Un et la dyade, qui est cause du multiple[20]. On a évoqué plus haut la dyade indéterminée : en tant que relation duale, elle implique les termes qu'elle met en relation. Or la distinction des termes de cette relation de dualité repose sur l'action de l'*Un* : ces

19. Cf. L. Brisson (éd.), *Les études philosophiques*, (1) Janvier-Mars 1998, « L'interprétation ésotériste de Platon », L. Robin, *La théorie platonicienne des Idées et des nombres d'après Aristote*, Paris, Alcan, 1908, L. Brunschvicg, *Les étapes de la philosophie mathématique*, 1912, Paris, Blanchard, 1994, pp. 43-70 ; voir aussi M. Caveing, « Platon et les mathématiques », dans E. Barbin & M. Caveing, *Les philosophes et les mathématiques*, Paris, Ellipses, 1996, pp. 7-25.

20. Aristote, *Métaphysique*, M, 7-8, 1081a-1085a, ainsi que A, 6, 988a.

termes sont alors constitués comme des *unités*. Ce remplissement « duplicatif »[21] de la relation dyadique indéterminée, c'est-à-dire ce processus par lequel les deux places vides de la dyade deviennent deux places pour des « *quelque chose* » dorénavant déterminés, est donc un processus faisant de la dyade une relation entre deux choses ou objets *possédant l'unité*. Dans son abstraction la plus haute, ces deux choses sont alors plus simplement *deux unités*. C'est à ce moment là que la dyade indéterminée se transforme en *dyade déterminée*, relation entre deux unités qui est le prototype du nombre 2.

De là, la dyade *indéterminée* opère à nouveau sur cette dyade *déterminée* en la dupliquant, produisant la triade (« triade-en-soi »), la tétrade (« tétrade-en-soi »), etc., jusqu'à l'engendrement de la décade, à laquelle semble s'arrêter Platon[22], génération ordonnée selon un « avant » et un « après » non chronologique, mais ontologique (voir schéma au § 1.5 suivant). C'est cette doctrine des *Idées-nombres* intelligibles qui est au cœur de la doctrine orale, *Idées-nombres* qui ne sont pas les nombres mathématiques proprement dit. Ceux-ci, en en effet, sont à mi-chemin entre le sensible et l'intelligible[23], c'est-à-dire participent de la dyade déterminée du plan de l'intelligible, mais *informent* aussi directement la structuration du monde et la perception que nous en avons, et rend possible l'activité concrète de numération, ce qui les rapproche du sensible.

Dans les nombres ainsi « métamathématiquement » constitués, on peut opposer le plus grand et le plus petit, opposition exprimant l'action de la dyade indéterminée, dyade de l'inégal, ou encore dyade du grand

21. *Ibid.*, N, 1091a10.
22. *Ibid.*, M, 1081b10-1082a35
23. Cf. *Ibid.*, M, 2, 1076b, et Platon, *République*, VI, 509d-511e.

et du petit, laquelle, comme prototype de l'idée de grandeur variable, rend possible ce processus d'extension quantitative indéfinie qu'étudie le *Philèbe*, notamment au travers de l'exemple du chaud et du froid et de l'aigu et du grave[24], processus continu d'excès ou de défaut relativement à une grandeur donnée.

1.5.- La génération des Idées-nombres et des nombres

Ainsi le « devenir » ou plus exactement la génération des Idées-nombres repose sur l'Un et la dyade, qui est en fait un principe de production, le principe dyadique « divisant » l'Un. La conjonction des deux principes constitue les Idées-nombres selon un processus réitéré de division de l'unité, chacune de ces Idées-nombres étant un schéma géométrique de combinaison d'unités (voir schéma ci-dessous). Mais le schéma de division présidant à la construction des Idées tout court est le même que ce schéma de constitution des nombres, et relève pour cette raison d'une « métamathématique ». J. Vuillemin[25] rappelle que l'activité du binôme Un-dyade, qui n'est autre qu'un procédé de dichotomie (*diérèse*) applicable à l'Idée proprement dite comme à l'Idée-nombre, est avant tout un algorithme de méthode d'analyse. Cette configuration repose en dernière instance sur l'existence des cinq genres d'êtres dont traite le *Sophiste* : être, mouvement, repos, même, autre[26].

24. *Philèbe*, 23a-27c. Le fil conducteur du dialogue, touchant l'un et le multiple, est la question de l'essence du plaisir, et du rapport entre *le* plaisir et *les* plaisirs.

25. J. Vuillemin, *op. cit.*, ch. V « La méthode de division et ses modèles mathématiques ».

26. Platon, *Sophiste* 254 d-e. Cf. aussi Aristote, *Métaphysique*,

De tout cela, on peut mettre en perspective le plus puissant enseignement[27] : s'il y a *génération* des Idées comme des nombres, c'est qu'il y a du devenir au sein des Idées, un devenir non pas chronologique, mais au sens où la « division nombrante » est une action de l'Autre sur le Même, action qui constitue alors, sous les figures de la dyade, le principe même de production des essences[28]. Lautman prend à Robin[29] son application du terme de « métamathématique » à cette génération, ainsi que son insistance, qui nous occupera dans le prochain chapitre, sur la structure mathématique de la matière que le Démiurge façonne pour créer l'univers sensible dans le *Timée* ; à Becker, il reprend le schéma suivant, qui représente cette création des Idées-nombres[30] :

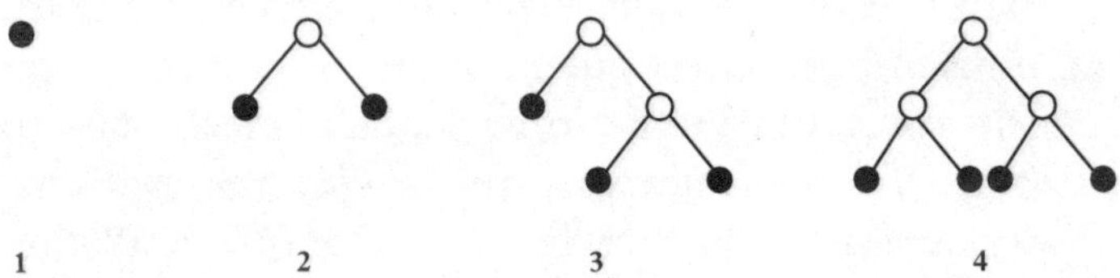

Les nombres, agrégats d'unités, sont figurés par les cercles noirs. Ils sont les éléments terminaux des processus d'engendrement par scission d'une unité de niveau supérieur. Ces processus sont figurés par les arborescences complètes. La triade, comme processus, engendre le 2 ; la tétrade le 3, etc.

N, 2, 1089b.

27. Lautman synthétise ces lectures dans ESE, Conclusion, pp. 230-232.

28. Sur l'Un-principe et la dyade indéterminée comme contraires, Aristote, *Métaphysique*, N, 1087a30-b35.

29. La référence est L. Robin, *Platon*, 1935, Paris, PUF, 1997.

30. ESE, pp. 230-231, reprenant O. Becker, *Quellen und Studien zur Geschischte der Mathematik*, Leipzig, Teubner, 1923 ; Becker le reprend, en le complétant, à Julius Stenzel.

La triade est le procès-résultat de division de l'Un par la dyade : quand on se concentre uniquement sur le résultat, on a le 2, qui « participe » de la dyade. La tétrade est le procès-résultat obtenu par la division dyadique de l'une des deux unités de la triade, etc. En résumé, chaque unité est produite par la division de celle de rang supérieur et les cercles noirs indiquent les unités composant les nombres mathématiques proprement dit. Chaque arborescence en revanche, *récapitule* le procès intelligible de génération d'une Idée-nombre, chacun des schémas exprime une Idée-nombre, tandis que chaque nombre proprement mathématique du secteur ontologique est le « détachement » de la phase terminale du processus intelligible de division[31].

Point n'est besoin d'aller plus loin dans ce débat : ce qui nous importe, c'est que Lautman, tout en s'autorisant de ces lectures très « intra-platoniciennes » faisant autorité, suit en fait une voie très syncrétique, avec parfois des formules plus proches de Plotin que de Platon.

1.6.- Procession et émanation

Lautman présente parfois la domination des Idées comme une « procession » ou une « émanation », vocable parfaitement plotinien[32]. Selon le néo-platonicien Plotin[33], le principe de l'Etre et du Savoir, c'est l'Un, qui rayonne, diffuse, et rend possible l'existence par *émanation* et *surabondance* de sa consistance propre. Mais

31. Sur les difficultés de la génération des nombres, *Métaphysique*, N, 3, 1090a, 15-1091a10.

32. ESE, p. 171, NR, p. 238.

33. Plotin (205-270), philosophe, exégète infidèle mais très inventif de Platon, fortement influencé par les penseurs indiens et orientaux, auteur des *Ennéades*.

l'Un est pour lui *ineffable*, excède toute connaissance possible, n'est ni exprimable ni définissable comme le Bien platonicien duquel pourtant il se rapproche. Au-delà de toute réalité et de toute pensée, la transcendance de l'Un plotinien est bien plus marquée que celle, par exemple, du Démiurge dans le *Timée* : son efficace c'est alors son « auto-position », auto-création, toute chose émane de lui en en *procédant*. Alors que chez Platon la connaissance de l'Idée du Bien qui est aussi l'Un, le principe des principes, est le terme possible de la connaissance contemplative, cette connaissance est impossible chez Plotin. Mais manifestement Lautman n'hésite pas à mixer des terminologies partiellement incompatibles, ce qui témoigne du fait qu'il n'est aucunement historien de la philosophie, mais au contraire, qu'il fait feu de bois pour formuler ses thèses et mener son enquête, sans se préoccuper des différences ponctuelles entre les pensées qu'il mobilise. Ainsi :

> « *On ne peut... envisager de coupure entre la dialectique et la mathématique ; il faut au contraire préciser de l'une à l'autre un mode d'émanation, une sorte de procession qui les relie étroitement, et ne présuppose pas entre elles l'interposition contingente d'une Matière hétérogène aux Idées* »[34].

Accepter une coupure nette entre dialectique et mathématique, ce serait affirmer la transcendance simple des Idées sur les théories, ce que Lautman refuse. On notera ici que le principe de division opéré par l'action de l'Un et de la dyade, tout comme sa figure converse du rassemblement, sont dit entretenir, au-delà de

34. Cf. NR, p. 238 - nous soulignons ; « Procession » apparaissait déjà dans ESE, p. 171.

leur différence, un rapport de *présupposition mutuelle*, à l'image, cette fois, du fait que le Même et l'Autre chez Platon sont également deux genres primitifs de l'Etre. En outre, par rapport à la question plus générale de l'un et du multiple, on entrevoit le fait qu'il y a participation *des formes intelligibles entre elles,* et pas seulement participation du sensible à l'intelligible : cela signifie qu'au plan dialectique proprement dit, *il y a du devenir*, il y des hiérarchies dans les Idées elles-mêmes, qui ne sont pas caractérisées par la fixité, mais au contraire, et du fait de leur indétermination (relative, mais constitutive), par une certaine plasticité. Et l'on retrouve un pan du programme de recherche de 1939 : l'exigence d'une théorie de la *genèse des Idées elles-mêmes*.

1.7.- La genèse des Idées

L'élément déterminant que retient Lautman de la protologie de Platon, c'est cette non-fixité des Idées et de leur sphère, l'efficace d'un *devenir* affectant autant nombres, Idées-nombres, qu'Idées. Comme ce devenir est une génération, il implique la distinction *in abstracto* de l'avant et de l'après, et suppose donc la *discrétion* (ou discontinuité) des éléments autant que l'*ordre*, c'est-à-dire un procédé finalement d'essence numérique. En effet, dire que des éléments forment une suite ordonnée suppose de pouvoir les lister avec des entiers naturels. Mais si l'on ne dispose pas d'un procédé numérique, ou proto-numérique, l'idée même de division n'a plus de sens : il faut au moins l'Un et la dyade, à quoi participent le 1, le 2, etc. pour diviser. De ce fait au-delà de la dualité Un-Dyade, l'idée même de génération n'a plus de sens : il ne peut y avoir de « nombres de nombres »[35], ce que l'on peut tenter d'interpréter comme signifiant qu'au-delà des nombres, et des proto-nombres, il n'y a pas de nombres encore plus primitifs auxquels il faudrait remonter. Lautman élargit cette conclusion : ce procédé de constitution autant des Idées que des nombres ne renvoie pas lui-même à un autre procédé encore plus primordial vers lequel il faudrait régresser. Ainsi :

> « *La métamathématique qui s'incarne dans la génération des Idées et des nombres ne saurait donner lieu à son tour à une métamathématique ; la régression s'arrête dès que l'esprit a dégagé les schémas selon lesquels se constitue la dialectique* »[36].

Il n'y a pas de régression à l'infini dans les Idées : cela affecterait en effet leur sphère de « l'illimité » qui est un principe d'imperfection, en lui-même incapable de produire de l'ordre et de la mesure. Autrement dit, laisser la possibilité d'une régression à l'infini au plan des Idées, c'est tout simplement empêcher que l'univers puisse exister. Outre la participation des choses sensibles aux Idées, Lautman affirme que :

> « *La participation des Idées entre elles obéit aux mêmes lois que la participation des Idées aux genres suprêmes et aux nombres idéaux ; dans l'un et l'autre cas, la philosophie mathématique se propose essentiellement pour objet d'assister à l'acte éternellement recommencé de la genèse d'un Univers* »[37].

35. Stenzel cité dans ESE, p. 232.
36. ESE, pp. 144-5.
37. NR, p. 257.

Dégager les schémas de ces genèses, et établir qu'une régression est impossible, voici ce qu'il resterait à faire aujourd'hui pour poursuivre l'élan lautmanien sur ce point. Insistons sur ceci que cette théorie de la genèse des Idées relève de plein droit *de la philosophie mathématique* pour Lautman : l'extension de son domaine rappelle bien que la philosophie mathématique qu'il invente *est, par essence, une métaphysique*. Pour ce qui nous concerne, il importe maintenant de clarifier sur ces points le sens de la référence à Heidegger qui intervient en seulement deux occasions dans l'œuvre de Lautman : lors de la conférence commune avec Cavaillès, et dans le texte *Nouvelles recherches sur la structure dialectique des mathématiques*.

2.- Le schème Être-étants de Heidegger

Dans ces *Nouvelles recherches*, Lautman s'inspire d'une importante distinction de *Vom Wesen des Grundes* de Heidegger, texte de 1938[38] :

> « *Les analyses de Heidegger reposent sur la distinction de l'être et de l'existant*[39]. *La vérité de l'être est, dans le vocabulaire de la phénoménologie, une vérité ontologique, relative à l'essence ; la vérité de l'existant est ontique, et relative aux situations effectives de l'existence concrète…*
>
> *La distinction de l'essence et de l'existence, et surtout, le prolongement d'une analyse de l'essence en genèse des no-*

38. Traduction française d'Henri Corbin sous le titre « Ce qui fait l'être-essentiel d'un fondement ou "raison" », 1939, repris dans M. Heidegger, *Questions I et II*, Paris, Gallimard, 1968, pp. 85-158.

39. Le terme « étant » a depuis été préféré à « existant » pour traduire « Seiende » chez Heidegger. L'étant particulier qu'est « l'être-là » dans le monde, le « Dasein », c'est l'homme.

tions relatives à l'existant, sont quelquefois masqués dans la philosophie d'Heidegger, par l'importance des considérations existentielles, relatives à l'être-dans-le-monde, telles qu'elles apparaissent dans Sein und Zeit[40] *; mais dans la seconde partie de* Vom Wesen des Grundes, *Heidegger s'appuie précisément sur la distinction du point de vue ontologique et du point de vue ontique pour expliquer le lien qui existe entre la réalité humaine et l'existence-dans-le-monde* »[41].

On a d'abord affaire à une distinction comparable à celle qu'établit Aristote entre la puissance et l'acte : l'Idée ne domine qu'en puissance la théorie qui l'actualise. La notion de *genèse effective* est la catégorie, héritée de Heidegger, qui permet de « formaliser » plus avant ce passage de l'Idée aux êtres (aux « étants »), de l'ontologique à l'ontique, du « supra-sensible » au sensible. Lautman a déjà affirmé qu'il existe « un lien intime entre la transcendance des Idées et l'immanence de la structure logique de la solution d'un problème dialectique au sein des mathématiques », Affirmation qu'il complète ainsi : « ce lien, c'est la notion de genèse qui nous le donne »[42].

2.1.- La notion de « genèse »

Cette notion de « genèse » signifie *engagement de l'abstrait dans le concret* ; la transcendance-immanence des Idées aux théories implique, pour Lautman, qu'elles ne sont véritablement opérantes que comme *rapport*, comme *processus*, et qu'elles ne sont pas des substances

40. M. Heidegger, *Être et temps,* 1927, tr. fr., Paris, Gallimard, 1986.

41. NR, p. 239.

42. *Ibid.*, p. 244.

immobiles dans un univers idéal. Cela exclut donc définitivement toute transcendance *simple* des Idées.

En s'incarnant, les Idées se réalisent donc comme *essence*, fondement de l'*existence* des théories, mais le « dévoilement » de ces Idées *dépend* du progrès des mathématiques effectives. Si les Idées sont, pour reprendre la terminologie classique, raison d'être, *ratio essendi* des théories, les théories, elles, sont raison de savoir, *ratio cognoscendi* des Idées :

> *« La réalité inhérente aux théories mathématiques leur vient de ce qu'elles participent à une réalité idéale qui est dominatrice par rapport à la mathématique, mais qui n'est connaissable qu'à travers elle.*
>
> *Ces Idées sont donc bien distinctes des purs arrangements de signes, mais elles n'en ont pas moins besoin d'eux comme d'une matière mathématique qui leur prête un corps où puisse s'affirmer le dessin de leurs liaisons »*[43].

On comprend mieux l'affirmation de l'absence de « coupure » entre dialectique et mathématique et la formule « émanationniste » qu'en donne Lautman : si les Idées sont un fondement, il n'est ni absolu ni statique, puisqu'il n'est effectif que lorsque le fondé est déjà là. Si la compréhension de l'Idée se traduit en genèse de théories effectives, il est donc certain que cette genèse n'est pas une « création matérielle », au sens où une théorie n'est jamais *produite* par une Idée. L'engagement de l'abstrait dans le concret est bien un « transcendance », au sens d'une sortie de soi vers son autre, mais c'est un *acte de rapprochement* et non un état de séparation[44] : Lautman reprend l'idée que tout

43. RIT, pp. 67-68 – nous soulignons.
44. NR, p. 244.

dévoilement de l'Être est *ipso facto* processus de constitution, de « genèse » d'étants, et la radicalise en disant que la transcendance du premier ne joue finalement comme telle que dans et par cette genèse.

La différence ontologique entre l'Etre et les étants disparaît donc dans sa fixité chez Lautman : les Idées sont transcendantes, mais comme elles ne sont que des schémas logiques, des schémas de liaisons possibles, les théories effectives constituent en quelque sorte l'événement « historial[45] » qui leur permet de se réaliser. S'actualiser pour une Idée, c'est « passer du virtuel au réel », c'est-à-dire s'historialiser, devenir théorie : *donc dominer, pour une Idée, c'est se faire histoire.* Dans la mesure où les théories sont des « réponses » à une « question », il faut bien que cette question les précède : cette préséance est celle du « souci », du « dessein », sur « l'intention » de s'y adonner[46].

2.2.- Précompréhension et cercle herméneutique

Le fait que les Idées ne soient pas mathématiquement déterminantes signifie que les théories se constituent historiquement en totale indépendance par rapport aux Idées. Simultanément, comme les théories explorent les réponses possibles à la question « pourquoi ? » ou même « comment ? », il faut bien que cette question soit toujours-déjà présente dans l'horizon de

45. Il faut distinguer chez Heidegger « historial » et « historique » ; ce qui est historique, ce sont les événements, contingents, qui se produisent dans l'histoire ; ce qui est historial, au contraire, c'est l'événement capable d'ouvrir à un nouveau rapport à l'Etre, un nouveau visage de son destin.

46. Cf. NR, p. 240, et C. Chevalley, « Albert Lautman et le souci logique », *op. cit.*

la recherche. Lautman, avec Heidegger, répond que cette question fait l'objet d'une *pré-compréhension* non explicite dans la théorie, question qui ne sera explicitée que rétrospectivement, *après que l'on aura eu sa réponse mathématique*[47].

Cette circularité est rapprochée par J.-M. Salanskis[48] du *cercle herméneutique* dont la formulation canonique se trouve au § 63 d'*Etre et temps* [*Sein und Zeit*] de Heidegger : on ne cherche à résoudre que ce qui *pose question*, la résolution faisant objectivement « exister » ce qui auparavant ne faisait qu'« insister ». Où l'on retrouve l'antériorité logique du « souci », de la question sur la réponse, alliée à la priorité gnoséologique de la réponse *effective*.

2.3.- Difficulté de la référence à Heidegger

Comme on a commencé de l'indiquer, cette « lecture » de Heidegger est problématique. L'usage que fait Lautman de la notion de « genèse », par exemple : le même terme lui sert à penser la production intra-mathématique de nouveaux êtres, et la production de théories à partir des Idées, ce qui est bien d'allure platonicienne. Mais convoquer Heidegger pour cela, c'est tordre sa conception de la vérité comme « dévoilement » (*aletheia*) de l'Etre, et surtout, l'irréductibilité mutuelle du plan de l'Etre et du plan ontique.

Dit autrement, *on ne saurait*, en heideggerien fidèle, *annuler ainsi la différence ontologique, ni faire opérer sur*

47. Cf. NR, pp. 239 et 242, et la clarification adressée par Lautman au mathématicien M. Fréchet dans la lettre datée du 1er février 1939, p. 260.

48. J.-M. Salanskis, *L'herméneutique formelle*, Paris, CNRS, 1991, I, « La mathématique vue comme herméneutique », pp. 1-31.

les deux plans un même procédé de « genèse ». Affirmer un tel rapport mimétique c'est même « faire le contre-sens d'annuler la transcendance propre à la différence ontologique » affirme Catherine Chevalley[49]. La conclusion des *Nouvelles recherches* est édifiante à ce sujet :

> *« Aucune différence de nature ne sépare la genèse des théories mathématiques à partir de la Dialectique, des genèses qui s'opèrent, au sein des mathématiques, des structures aux existences »*[50]

Lautman précise ce motif, on l'a noté plus haut, en disant que la participation des Idées entre elles « obéit aux mêmes lois » que celle des Idées aux genres suprêmes, et l'on peut évidemment rajouter, que celle du sensible et du mathématique aux Idées.

S'agit-il vraiment d'un contre-sens ? Proposition faible : Lautman ne se réfère qu'en deux occasions assez rapides à Heidegger, les deux fois en 1939, et sa lecture est tellement hétérodoxe qu'elle invite à ne pas surdéterminer la référence. Proposition forte : à la lumière du traitement qu'il fait subir à Platon, ne peut-on pas plutôt estimer que Lautman *utilise* une pensée pour ce qu'elle peut lui apporter, qu'il est en train d'*inventer*, pas de commenter ? Qu'à la manière d'un artiste libre, il se saisit d'un motif théorique qui fait sens pour lui, et le transforme selon les orientations et nécessités de son dispositif propre ?

Que cette référence à Heidegger puisse poser problème aux spécialistes de l'auteur, cela est certain. Elle

49. Citation extraite de *Les textes de Heidegger sur la physique atomique* (inédit), cité par J.-M. Salanskis, *L'herméneutique formelle*, *op. cit.*, p. 29, note 2.

50. NR, p. 257.

est pour nous l'occasion de saisir, à vif en quelque sorte, comment procède l'innovation conceptuelle quand elle est commandée par une intuition forte, quand elle fabrique une « langue » pour se dire. Cette intuition lautmanienne, c'est celle de la nécessité de faire des mathématiques l'espace-temps concret d'accomplissement d'une réalité (ou plutôt d'une quasi-réalité) non historique qui les dépasse, mais qui a besoin d'elles pour prendre corps.

Toute l'œuvre de Lautman s'efforce de saisir cette tension, de montrer comment elle s'incarne. Ce à quoi il est fidèle, ce n'est donc pas aux textes de ceux dont il s'inspire, mais à ce souci, pour lequel tous les emprunts sont bons s'ils lui permettent d'avancer, de capter la tension.

3.- Un geste hégélien ?

Lautman ne cite jamais Hegel : comme on l'a rappelé au chapitre I, Hegel est un des impensés, voire *le* refoulé du champ épistémologique de l'entre-deux-guerres. Au-delà des emprunts avérés, et de la liberté que Lautman prend par rapport à ses sources comme on vient de le voir, une brève comparaison entre lui et Hegel ne nous semble pas inutile, malgré cette absence.

Récapitulons. Pour commencer, les Idées ne sont connaissables que régressivement, à partir des théories qui les accomplissent sans les « épuiser ». Ensuite, ces Idées sont transcendantes et immanentes aux théories, c'est-à-dire « définies et résolues » par elles : ce qui, contrairement à ce qui se passe chez Platon et Heidegger, tend à annuler, ou du moins à considérablement opacifier la *différence ontologique*. Enfin, ces Idées ne

CARTE POSTALE

Librairie où vous avez acheté ce livre :

. . . .

Ville : . . . .

Titre du volume acheté : . . . .

. . . .

Suggestions : . . . .

. . . .

À : . . . . le : . . . .

Société d'Édition

LES BELLES LETTRES

95, boulevard Raspail

75006 PARIS

FRANCE

sont ni de simples « apparences » ni des abstractions : elles sont bien « transcendantes » au sens « habituel », c'est-à-dire résolument non-kantien du terme. De surcroît il y a un devenir propre de ces Idées, leur mode d'accomplissement reposant sur la productivité des couples de notions *contraires*. Tout cela autorise un rapprochement de cette *antithétique dialectique* avec Hegel, d'autant que Hegel a en partie forgé sa position à partir d'une certaine lecture de Platon[51].

3.1.- La convergence : statut et modalité de l'« antithétique » dialectique

Pour Hegel, le vrai, c'est le tout dans le mouvement qui fait de lui un résultat, procès d'essence *logique*, dont traite la *Science de la logique*[52]. Celle-ci opère comme une *auto-diction* du Concept qui explicite et réintègre dans son propre mouvement les différentes catégories maniées par les savoirs positifs légués par l'histoire. Cela rejoint la fonction réflexive de l'épistémologie au sens contemporain du terme, mais reconduit l'ambition des métaphysiques classiques : livrer les principes derniers de la connaissance humaine, par-delà les sciences particulières qui restent toujours partiellement aveugles à leurs fondements.

Ce métadiscours dialectique peut sembler illégitimement dénier aux sciences leur autonomie, néanmoins, pour Hegel, l'entendement de la science positive peut se passer de la raison spéculative du philoso-

51. Cf. G.W F. Hegel, *Leçons sur Platon*, 1825-1826, tr. fr. J.-L. Vieillard-Baron, Paris, Aubier, 1976.

52. G.W F. Hegel, *Encyclopédie des sciences philosophiques en abrégé*, 1830, tr. fr. M. de Gandillac, Paris, Gallimard 1990, § 19.

phe, mais pas l'inverse : « La raison sans l'entendement n'est rien, l'entendement sans la raison est pourtant quelque chose »[53] disait-il déjà en 1803.

De même, chez Lautman, les théories naissent et se développent par elles-mêmes, mais c'est bien le plan dialectique qui les ressaisit *dans leur nécessité logique et ontologique*. De même, second point, du fait que ces Idées sont des schémas de liaisons possibles entre notions *contraires*, la dynamique de leur réalisation est bien une *antithétique* de style hégélien. Hegel et Lautman défendent tous deux une dialectique de l'Universel dans laquelle celui-ci ne se concrétise dans toutes ses potentialités que par son passage dans le multiple. Cela fait dire à J.-M Salanskis que « le Platon de Lautman est aussi un Hegel »[54].

3.2.- La divergence : l'absence de négativité et d'Aufhebung chez Lautman

Seulement, le rapprochement ne tient pas au-delà de cette convergence globale, aussi importante soit-elle. La relation de contrariété qu'entretiennent les notions dialectiques est relativement indéterminée chez Lautman, ce qui rend possible justement ses multiples traductions : sur ce point essentiel Hegel et Lautman divergent.

Dans la *Science de la Logique,* la première catégorie du procès logique, c'est *l'être pur* : indétermination pure, absence totale de déterminations, l'être « passe » immédiatement au néant, qui est à la fois même et autre que lui. C'est le même, puisqu'il est aussi indétermination

53. G. W F. Hegel, *Notes et fragments d'Iéna,* 1803-1806, tr. fr. et comm. C. Colliot-Thélène & Alii, Paris, Aubier 1991, Fragment 47.

54. *L'herméneutique formelle, op. cit.*, p. 31.

pure, mais c'est son autre, puisqu'il est *néant de déterminations*. Ce passage du même dans son autre, enraciné dans la *position en soi-même par la première détermination de son autre*, c'est la figure primitive du *devenir*, troisième catégorie engendrée par le procès logique[55].

En résumé, le procès de réalisation de l'Idée repose sur la contradiction immanente à chacune des catégories, et donc en dernière instance sur l'auto-déploiement d'un principe unique, puisque qu'aller du Même à l'Autre, de l'Un au multiple est un processus qui vient en interne de l'Un-Etre. Il y a donc besoin d'un moteur d'auto-division, et ce moteur qui permet de passer peu à peu de l'indétermination à la détermination, c'est la *négativité interne*, la puissance du négatif.

Le concept-clé pour Hegel, c'est celui d'*Aufhebung*. Pour Hegel la solution de toute antinomie « ne peut consister qu'en ce que deux déterminations, en tant qu'elles sont op-posées et nécessaires au même concept, ne peuvent valoir dans leur unilatéralité, chacune pour soi, mais en ce qu'elles n'ont leur vérité que leur être-sursumé »[56]. Cet « être-sursumé » (le néologisme « sursomption » traduit *Aufhebung*), c'est le résultat du dépassement de la contradiction que les deux déterminations notionnelles entretiennent, à l'image du devenir, qui à la fois *annule, dépasse et intègre* la contradiction entre être et néant. L'*Aufhebung* est donc la modalité par laquelle ce négatif produit du neuf, en réinstituant sur un plan supérieur l'unité temporairement scindée de la notion : là ressort le fait que Hegel consacre l'écrasant primat de l'Un sur le multiple.

55. Cf. G. W. F. Hegel, *Science de la logique*. Tome 1, Livre 1, *Doctrine de L'Être*, 1812, tr. fr. Labarrière P.-J. et Jarzcyck G., Paris, Aubier, 1987.

56. *Ibid.*, Remarque 2, p. 174.

Or, il n'y a pas d'*Aufhebung* chez Lautman, ni téléologie, ni finalisme de l'Idée, ni tension vers un savoir absolu réunifié. C'est au contraire l'insistance sur l'ouverture essentielle du procès de l'unification, toujours débordé et nourri par les innovations de l'histoire, qui le fascine. Autrement dit, l'antithétique de Lautman n'est pas une antithétique de la contradiction, mais bien de la « contrariété » et de la « corrélation » entre notions distinctes, ce qui est conforme à tout le post-hégélianisme dérivé de son époque.

Nous avons dit que la dialectique hégélienne fait jaillir la détermination *de l'intérieur* de l'indétermination pure en vertu de la puissance du négatif. Or, parallèlement à l'absence d'*Aufhebung*, Lautman se passe également de la négativité. Il est bien clairement platonicien et non hégélien sur ce point névralgique : Hegel a besoin de la négativité parce qu'il veut produire le multiple, l'Autre, *du sein même de l'Un*. Platon en revanche n'engendre pas *la dualité à partir de l'unité,* au contraire il se *donne* cette dualité, l'Un et le Multiple sont des principes *d'emblée distincts*, tout comme le Même et l'Autre dans le *Sophiste* sont *deux genres d'êtres distincts* :

> « *L'unité de l'Etre est une unité de composition* et un point de départ vers la recherche des principes qui s'unissent dans les idées »[57].

La grande différence entre Lautman et Hegel se situe finalement à ce niveau, celui de l'origine de la dualité entre l'identité et la différence, entre le Même et l'Autre. Derrière les couples de notions qui constituent les Idées, on a en amont chez Platon et Lautman celui de l'Un et

57. AMD, pp. 78-79 – nous soulignons.

de la Dyade (qui est le prototype du multiple et de l'altérité), c'est-à-dire celui du Même et de l'Autre. Cette thèse d'une unité de « composition » est anti-hégélienne : pour Lautman il est clair que le Même et l'Autre sont deux principes ontologiques *d'emblée distincts* et en rien l'auto-déploiement différencié d'un même principe. Bref, contrairement à Hegel, Lautman *ne produit pas la dualité,* il se la *donne.* Même-Autre, Mouvement-repos, sont des « genres » *primitifs* de l'Etre, qui communiquent entre eux et se composent, comme l'enseignait le *Sophiste.*

Ainsi, dès lors que l'on se *donne*, comme Platon et Lautman, que l'on *pose* les deux principes, il n'y a pas besoin d'*Aufhebung* ni de contradiction interne, puisque ces deux opérateurs ne font sens que s'il n'y a *qu'un seul principe à l'œuvre* comme chez Hegel. Pour pouvoir assimiler la position de Lautman à celle de Hegel, il faudrait donc pouvoir assimiler « l'Autre » platonicien à son « négatif » à lui : ce à quoi très exactement procède Hegel dans ses *Leçons sur Platon*[58]. Autrement dit, *seule la validité de l'interprétation hégélienne de Platon permettrait d'apparenter Lautman à Hegel*, interprétation qui est justement, au sens littéral, intenable.

4.- Entre ontologie et histoire

4.1- La double méthode : bilan

On a vu que le problème de la « détermination » et celui de la « participation » sont pour Lautman deux problèmes converses. D'où la double méthode qu'il récapitule comme suit dans ses *Nouvelles recherches* :

58. *Leçons sur Platon*, *op. cit.*, I, pp. 97-101.

> *« Ce mémoire comprend deux parties bien distinctes : dans la première… nous essayons de montrer de façon abstraite comment la compréhension des idée se prolonge nécessairement en genèse de théories mathématiques… Dans la seconde partie, au lieu de descendre de l'abstrait au concret, nous opérons en sens inverse : nous examinons une théorie mathématique particulière, la théorie analytique des nombres, où il est possible de saisir de façon concrète la nécessité, pour comprendre la raison de certains résultats, de les rattacher aux Idées de structure d'une Dialectique supérieure »*[59].

Reformulons. D'un côté, on va de l'abstrait au concret, de la « cause » à l'« effet » ou plutôt de la « raison » à la « conséquence », ce qui correspond à une démarche de type analytique allant de l'Un vers le Multiple, à la division ou « diérèse » platonicienne. De l'autre côté, on va de l'effet à la cause, du Multiple à l'Un, démarche de rassemblement de type cette fois *synthétique*. On retrouve la double formule de la dialectique *ascendante* et *descendante* de Platon.

Il faut prendre « cause » et « effet » avec beaucoup de précautions ici, puisque, on a insisté dessus, le rapport entre Idées et Théories n'est pas un rapport *causal* simple, mais celui d'une *actualisation dialectique*. Notons que le second aspect de la méthode, celui par lequel « on remonte de l'appréhension globale d'une théorie mathématique aux relations dialectiques que cette théorie incarne »[60], est celui que Lautman pratique l'essentiel du temps dans ses textes. Mais le premier n'est en pas moins par principe aussi important.

59. NR, p. 237.

60. NR, p. 242. A ce moment là, Lautman utilise étonnamment le qualificatif « analytique » au lieu de « synthétique ». Cf. aussi ESE, p. 132.

Il se trouve que Lautman qualifie également cette double méthode de « déduction *a priori* »[61], formule d'allure faussement kantienne, qu'il définit comme « rattachement de données empiriques à une structure idéale »[62]. D'ailleurs, si la notion de « genèse » étudiée ci-dessus veut dire *engagement de l'abstrait dans le concret* selon la formule que nous avons utilisée, et si Lautman en propose une interprétation « transcendantale », c'est « au sens de Heidegger » précise-t-il[63] immédiatement. C'est-à-dire en un sens non kantien : l'abstrait n'est pas une condition *a priori* qui serait fixe et déjà constituée par elle-même, de la détermination du concret. Il en est la condition mais d'une certaine façon aussi le résultat, au sens du cercle herméneutique.

On notera de surcroît que le terme même de « rattachement » est vague, et renvoie à ce double mouvement allant de la « cause » à l'« effet » et réciproquement . En fait l'*a priori* dont parle Lautman n'est pas du tout de type idéaliste, et en particulier pas du tout kantien :

> *« Le seul élément* a priori *que nous concevions est donné dans l'expérience de cette urgence des problèmes, antérieure [logiquement] à la découverte de leurs solutions. [...]*
>
> *Nous entendons cet* a priori *dans un sens purement relatif, et par rapport aux mathématiques : c'est uniquement la possibilité d'éprouver le souci d'un mode de liaison entre deux idées et de décrire phénoménologiquement ce souci indépendamment du fait que la liaison cherchée puisse être, ou n'être pas opérable. Certains de ces "soucis" logiques se trouvent dans l'histoire de la philosophie ; comme par exemple le souci des liaisons entre le même et l'autre, le tout et la partie, le continu et le discontinu, l'essence*

61. SD, p. 287.
62. *Ibid.* p. 288.
63. *Ibid.*, p. 238, note 1.

> *et l'existence ; mais les théories mathématiques pourront inversement faire naître l'idée de problèmes nouveaux qui n'auraient pas été formulés abstraitement auparavant »*[64].

L'*a priori* en question ne relève pas d'une « synthèse déductive », mais repose sur la *nécessité* de la structure problème-solution ou question-réponse du rapport Idées-théories.

4.2.- Ontologie et histoire

Si une dialectique ontologique est opérante, elle ne l'est qu'au travers de l'histoire des théories, qui sont parfaitement autonomes et se développent dans leur ordre propre sans avoir besoin de personne[65] : si elles réactivent dans ces cas des Idées déjà formulées, elles peuvent de surcroît en faire jaillir de nouvelles. La dialectique créatrice des Idées n'est donc qu'*indirectement* créatrice, puisque c'est le progrès autonome des théories qui lui permet de se réaliser. La dialectique est bien celle de *l'origine* que les théories incarnent, et du fondement ontologique que leur progrès découvre – *rétrospectivement*. Malgré la différence déjà notée avec Cavaillès, leur convergence s'atteste de nouveau : l'histoire des mathématiques révèle un devenir rationnel, indicateur d'une nécessité à l'œuvre, tout en restant une histoire autonome.

4.2.1 - Une « ruse » de la raison chez Lautman ?

Nous sommes arrivés à la conclusion que Lautman inversait de façon hétérodoxe l'apparentement

64. ESE, Conclusion, p. 229.
65. *Ibid.*, p. 221, et NR, p. 243.

de Platon entre Idée / détermination, et « Matière » / indétermination, puisque la matière théorique est le facteur de détermination réelle de l'Idée. Or, avons-nous dit, *dominer, pour une Idée, c'est se faire histoire.* Mais cela ne peut pas signifier dominer ou prédéterminer l'histoire elle-même. L'élément-clé, c'est donc ce primat, subversif par rapport à Platon, que Lautman accorde à *l'indétermination* de l'Idée, dont l'extériorité par rapport à l'histoire est la conséquence : ce qui implique que *toute nécessité historique est rétroactive.* La seule nécessité à l'œuvre dans l'histoire, c'est bien celle que formule le cercle « herméneutique » : *celle de la configuration problème (ontologique)-réponse (mathématique)*, structure qui cependant ne préjuge jamais de la façon dont elle peut prendre corps. Voilà comment on peut parler d'une « nécessité » du « devenir » sous-jacente aux contingences factuelles de l'histoire (comme Cavaillès), tout en évitant de tomber dans l'écueil qui serait par exemple celui d'une *ruse de l'histoire.*

La thématique de la « ruse de la raison » provient de Hegel. Selon lui, l'histoire est le lieu de réalisation de l'Universel par l'intermédiaire du Particulier (formule à laquelle, dans sa généralité, Lautman souscrirait) : au travers des jeux parfois insensés qui jalonnent l'histoire, faite de contingences parfois des plus folles, d'Empires qui s'écroulent, d'intérêts en lutte, celle-ci fait néanmoins œuvre de raison. Dans *La raison dans l'histoire,* Hegel écrit que « dans l'histoire universelle, il résulte des actions des hommes quelque chose d'autre que ce qu'ils ont projeté et atteint, que ce qu'ils savent et veulent immédiatement. Ils réalisent leurs intérêts, mais il se produit en même temps quelque autre chose qui y est cachée, dont leur conscience ne se rendait pas compte et qui n'entrait pas dans leur vue »[66]. Cette autre chose « cachée », c'est la réalisation de l'Idée (l'Esprit), c'est-à-dire la rationalisation du réel. La « ruse » de la raison, c'est cette capacité qu'elle a de s'accomplir indépendant des, voire malgré les hommes, qui ne savent pas qu'ils travaillent pour elle.

En généralisant, « ruse » serait ici le nom d'une nécessité, d'une puissance transcendante de détermination qui s'accomplirait derrière le jeu de ses épiphénomènes. Or justement, pour Lautman, même si celui-ci dit aussi que la dialectique des Idées est de prime abord « cachée », l'histoire ne ruse pas, au sens où une telle puissance de détermination (ou même de prédétermination) du concret par l'abstrait, du réel par l'Esprit, *n'existe pas*. Il y a essentiellement pour lui une *puissance de l'indétermination*. Pour lui, tout « fait » ou « événement » mathématique est donc une sorte de *passage à l'acte* de l'histoire, qui produit rétrospectivement la chaîne causale et le sens ontologique de sa production – renversement dialectique, lorsque le fait est là, de sa contingence en nécessité.

4.2.2 - Insuffisance de la méthode historique

Certes il y a bien une « logique » de l'histoire, au sens où l'on y objective des régularités mais à moins de suspendre indûment l'autonomie des mathématiques à une loi transcendante (ainsi l'auto-réalisation rusée de l'Esprit), toute découverte aurait pu ne pas advenir, à l'image de tout événement historique singulier.

66. G.W. F. Hegel, *La raison dans l'histoire*, 1830, tr. fr., Paris, UGE (10/18), 1979, ch. II « La réalisation de l'Esprit dans l'histoire », § 2 « Les moyens de la réalisation », p. 111.

> *« Le philosophe n'a ni à dégager de lois ni à prévoir une évolution future ; son rôle consiste uniquement à prendre conscience du drame logique qui se joue au sein des théories »*[67].

C'est pour cela que tout en se détachant de l'épistémologie historique de Léon Brunschvicg centrée sur la puissance créatrice de l'intelligence[68], il n'a de cesse d'y renvoyer :

> *« L'objectivité des mathématiques [est] l'œuvre de l'intelligence, dans son effort pour triompher des résistances que lui oppose la matière sur laquelle est travaille. Cette matière n'est pas facile ni uniforme ; elle a ses replis, ses arêtes, ses irrégularités et nos conceptions ne sont jamais qu'un arrangement provisoire qui permet à l'esprit d'aller plus avant. Les mathématiques se sont constituées comme la physique : les faits à expliquer, ce furent tout au long de l'histoire les paradoxes que les progrès de la réflexion ont rendu intelligibles par un constant renouvellement du sens des notions essentielles »*[69].

Cette citation résume bien le fait que pour Lautman l'ontologie ne se réduit pas à l'histoire ni ne la prédétermine ; en revanche, l'on n'y accède que *par* l'histoire même. Ainsi l'investigation historique est-elle la première démarche à laquelle le philosophe doit se soumettre, même si Lautman, quant à lui, à partir d'un abondant matériau historique et scientifique mais au-delà de lui, se consacre à en déployer toute la signification métaphysique.

67. ESE, p. 229.
68. *Ibid.*, p. 227.
69. *Ibid.*, p. 128.

Les chapitres II et III ont permis de voir que Lautman, entre Platon, Hegel, Heidegger, Kant et Leibniz, Brunschvicg, etc., n'est pleinement avec aucun d'eux, parce que ses interrogations sont intégralement ordonnées à la résolution de l'énigme suivante : les mathématiques sont à la fois un corpus, un ensemble de théories constituées, et sont (ont) une histoire. Mais ce processus pleinement autonome reste nécessairement processus d'incarnation et de résolution de problèmes qui sont comme tels logiquement (dialectiquement) antérieurs et indépendants de l'histoire et qui commandent (au sens non pas où ils prédéterminent mais où ils orientent, c'est-à-dire *esquissent les possibles*) les solutions variées qu'on peut leur apporter.

L'obsession de Lautman, qui était déjà le dilemme de Socrate, est ainsi la suivante : comment maintenir la différence de nature entre Idées et théories (c'est-à-dire la transcendance et l'anhistoricité des premières par rapport aux secondes), sans figer cette différence ? Sa lecture de Heidegger vient compléter l'idée que les Idées sont d'une certaine façon virtuelles. Mais dès lors, c'est la différence ontologique qui est elle-même « virtualisée », c'est-à-dire résorbée dans le *procès* historique de constitution des théories incarnant-résolvant les Idées-problèmes.

Ce primat du procès, du devenir sur l'être, motif essentiel de l'affirmation selon laquelle on n'accède à la question ontologique qu'à partir des données historiques, procès dont le cœur est une antithétique de notions contraires, est ce qui justifiait la confrontation avec Hegel. Mais la convergence entre les deux ne dure qu'un temps : finalement, ils se séparent sur *l'origine* de la dualité entre le Même et l'Autre. Ceux-ci ne font en réalité qu'*un seul* chez Hegel, alors que Lautman, suivant Platon, maintient qu'ils sont primitivement distincts.

Ce qui donne encore plus de chair et de saveur à cette orientation, c'est que Lautman généralise au niveau proprement *cosmologique* cette irréductibilité mutuelle du Même et de l'Autre, jusqu'à en faire les constituants ultimes de l'univers. Ce qui rend bien difficile, entre autres, la référence qu'il effectue simultanément, et très explicitement, à la thématique franchement kantienne de la *constitution transcendantale de l'objectivité* à laquelle il semble souscrire en matière de philosophie de la physique. Le quatrième et dernier chapitre a pour vocation d'éclairer cet élargissement thématique et, une fois encore, d'en repérer les tensions pour en énoncer les enjeux.

IV

Une cosmologie physique sous tension

Derrière le problème de la réalité des mathématiques, c'est celui de l'union des mathématiques et de la réalité physique qui traverse toute l'œuvre de Lautman. Dès mars 1935, il écrit ceci :

> « *Le problème capital de la philosophie des sciences est sans aucun doute celui des rapports de la théorie mathématique et de l'expérience physique. Nous voudrions pouvoir un jour montrer comment les conceptions relatives à l'univers physique ne sont qu'une représentation concrète de notions définissables uniquement au sein d'une théorie mathématique* »[1].

A la question des rapports mathématiques-réalité physique, les réponses de type empiriste semblent fournir une réponse simple : si les mathématiques sont

1. C'est la première phrase du *Rapport Bouglé*, p. 1.

une *abstraction à partir du réel*, leur « applicabilité » est seulement le retour sur la réalité même de la forme abstraite (mathématique) qu'elle a prise. Mais on a vu combien Lautman était éloigné de toute forme d'empirisme. Une autre réponse, de type « réaliste », consiste à dire que la réalité phénoménale est ce qu'elle est de façon absolument indépendante de la manière que nous avons de la connaître. Lautman serait certes d'accord avec une formule si générale : le néo-platonisme qu'il défend, même s'il prend des accents hégéliens, n'a absolument rien à voir avec une forme de subjectivisme ou d'idéalisme qui ferait du réel un simple corrélat de l'activité d'un sujet fondateur.

Mais le réalisme, s'il est naïf, prend aisément la forme d'un « correspondantisme », professant l'extériorité mutuelle de la réalité et du savoir que l'on peut en prendre : de là suit la définition courante, scolastique, de la vérité, comme *adéquation* du discours à l'objet, adéquation dont il conviendrait juste de préciser les critères. Lautman récuse également cette solution, et de façon générale, toute philosophie qui part du principe d'une séparation entre les deux. Qu'il y ait une séparation, quelle qu'elle soit, des distinctions quelles qu'elles soient, à établir entre la connaissance et la réalité, certes. Mais *partir de la séparation*, c'est, pour lui, scier la branche sur laquelle on est assis.

La hache néo-positiviste

Lautman condamne donc sans appel la position générale défendue par le Cercle de Vienne, alors en plein essor : tout en prenant le temps d'exposer pour tels et tels (Russell, Wittgenstein, Carnap, Reichenbach, etc.) l'intérêt et la force de leurs pensées, il estime que la conception générale du Cercle est absolument inapte à produire une véritable philosophie de la physique[2].

Les néo-positivistes posent la séparation entre mathématiques et réalité, présupposent un hiatus de principe entre connaissance vécue et empirique (*Erleben*) et connaissance scientifique (*Erkennen*)[3] et donc passent leur temps à tenter de les réunir. Prétendant s'inspirer du formalisme hilbertien, leur logicisme tend à réduire les mathématiques à une immense tautologie voire à faire accroire que *le signe lui-même est l'objet*, nominalisme radical intenable pour Lautman[4]. Mais outre qu'il méconnaît radicalement, selon lui, le réel mathématique, l'empirisme logique montrerait son indigence philosophique en séparant « comme à la hache les mathématiques et la réalité »[5], en « supprim[ant] les liaisons entre la pensée et le réel » et en s'étonnant après d'avoir des difficultés à les relier[6] : bref, ce courant représente pour Lautman une « démission » inacceptable[7].

Pour bien saisir la nature des êtres mathématiques spécifiques qu'il appelle des « mixtes » et dont le rôle en physique s'avère essentiel, il faut examiner la tension existant entre ses deux références au *Timée* de Platon d'un côté, au schématisme transcendantal de Kant de l'autre. On pourra ensuite mieux cerner et évaluer le rapport Idées-mathématiques-réalité que Lautman établit.

2. MR, p. 47, ESE, p. 232.
3. *Ibid.*, pp. 48 et 50.
4. *Ibid.*, pp. 56, 59 et 64 et RIT, p. 66.
5. EUD, pp. 232-233.
6. Même critique à l'égard de Boutroux, dans la conclusion de ESE : si les mathématiques sont un mixte d'intuition et d'objectivité, à quoi sert-il de partir de leur séparation, pour ensuite s'évertuer en vain à les relier, au lieu de penser cette mixité comme un trait constitutif et primordial, et d'étudier la façon dont elle se déploie ?
7. MR, p. 50.

1.- Une théorie kanto-platonicienne des « mixtes »

1.1.- « Refaire le Timée »

Reprenons la dernière partie du programme que Lautman s'était donné en 1939 :

> « *Il reste enfin, et c'est la troisième des tâches annoncées, à refaire le Timée, c'est-à-dire à montrer, au sein des Idées elles-mêmes, les raisons de leur application à l'univers sensible* »[8].

La thèse est claire : c'est « au sein des idées elles-mêmes » que tout va se jouer. Précisément, c'est par la *médiation* des mathématiques que les Idées vont s'« appliquer » au réel. Si Lautman veut simplement dire par là que les mathématiques à un titre ou un autre sont ce par quoi le réel prend *scientifiquement* sens et structure, il retrouve autant Platon qu'Einstein, en passant par Galilée et Kant.

Un aspect essentiel de la métaphore de la ligne utilisée par Platon en *République* VI[9], c'est que les mathématiques sont l'intermédiaire *épistémique* entre le sensible et l'intelligible, l'opinion et la connaissance, c'est-à-dire une étape indispensable dans l'ordre du savoir de l'accès contemplatif aux Idées. Ainsi les mathématiciens tout en raisonnant sur des figures particulières visent par elles des objets parfaits, les cercles ou diagonales « en soi ». Mais ce qui importe ici, c'est que *dans l'ordre de l'Etre* le sensible soit structuré mathématiquement. Tout l'enjeu est de voir en quoi cette structuration vient des Idées elles-mêmes, c'est-à-dire

8. PM, p. 609.
9. *République* VI , 509d-511e.

en quoi elle est le résultat de leur « application » : c'est ce que la reprise du *Timée* a pour fonction de clarifier.

Partant de la distinction ontologique entre les formes intelligibles et la multiplicité sensible, la cosmologie du *Timée*[10] commence par réaffirmer que l'Idée-forme suprême est celle du Bien, et que tout type de devenir est l'effet d'une cause[11]. Ici, la cause, c'est le dieu-démiurge, qui façonne son « matériau » (le principe du divers sensible), la *chôra*, en fonction de l'ordre intelligible des formes, puis se retire de sa création[12].

Un principe de « résistance » joue un rôle clé : le démiurge ne peut façonner totalement son matériau, celui-ci lui résiste dans une certaine mesure du fait d'une « cause errante », non rationnelle, produisant des effets irréductibles, et source du désordre toujours possible dans l'univers après la création. Tous les êtres et phénomènes perceptibles de cet univers sont constitués de quatre éléments : eau, terre, air, feu[13]. Mais cet univers est un grand vivant, il est aussi doté d'une âme pourvue de raison, *l'âme du monde*, sphère de l'univers, parfois assimilée (chez les pythagoriciens en particulier) à un cinquième élément nommé « éther ».

Cette âme, constituée par un mélange d'Etre, de Même et d'Autre *est structurée mathématiquement*[14] : elle

10. Cf. L. Brisson, *Le même et l'autre dans la structure ontologique du* Timée *de Platon*, Paris, Klincksieck, 1974, et B. Besnier, L. Brisson & Alii, *Lectures du « Timée » de Platon*, Lille, éd. de l'IREM, 1992.

11. *Timée* 28 a-c.

12. L'homologie avec les catégories du *Philèbe* 23c est assez nette ici. Respectivement, la chôra (*Timée*, 52b) correspond à « l'illimité », les formes à la « limite », l'univers sensible au « mélange », et le démiurge à la « cause ».

13. *Timée*, 32a.

14. *Ibid.*, 34b-37d.

est le véhicule de la raison dans l'univers, et de façon plus générale, les principes concomitants de beauté, d'harmonie, de proportion et d'ordre, etc. qui proviennent du Bien, s'expriment en termes mathématiques. Ainsi les quatre éléments eux-mêmes sont reconduits à quelques éléments primordiaux, simples et séparés, insécables et indestructibles, infiniment petits et, par là, inaccessibles aux sens. Ces éléments primordiaux *sont des entités mathématiques*[15] : avant tout, deux triangles rectangles, l'un isocèle (permettant d'instituer le carré, puis le cube), l'autre scalène (permettant d'instituer le triangle équilatéral, puis le tétraèdre, l'octaèdre et l'icosaèdre). Ces « solides » mathématiques, les polyèdres réguliers (entités tridimensionnelles dans notre vocabulaire), entrent en interaction et cette interaction elle-même relève d'une description mathématique, c'est-à-dire est soumise à des *lois* mathématiques. Ainsi l'univers sensible, comme le monde intelligible, est soumis aux mathématiques, par ses lois et par ses constituants ultimes, comme chez les pythagoriciens[16].

Autrement dit les mathématiques sont *ce par quoi l'ordre intelligible se communique au monde sensible*. La médiation mathématique entre les deux univers n'est donc pas seulement de l'ordre de l'image ou de la description : elle est *constitutive* de ces deux univers.

1.2.- Kant et le schématisme

La référence essentielle à Kant est résumée dans l'extrait suivant :

15. *Ibid.*, 53d-55d.
16. Aristote, *Métaphysique*, A, 5, 985 b.

*« Certaines genèses mathématiques... obéissent à des schémas plus compliqués où le passage d'un genre à un autre genre nécessite la considération de mixtes intermédiaires entre le domaine et l'être cherché ; le rôle médiateur de ces mixtes va résulter de ce que leur structure imite encore celle du domaine auquel ils se superposent, alors que leurs éléments sont déjà du genre des êtres qui naîtront sur ce domaine. Voulant adapter l'une à l'autre des réalités radicalement hétérogènes, les mathématiques retrouvent dans leur développement propre la nécessité logique d'une médiation comparable à celle du schématisme de l'*Analytique transcendantale*, intermédiaire entre la catégorie et l'intuition. Le texte où Kant définit le schématisme est pour nous à cet égard d'une importance qui dépasse de beaucoup le problème spécial de la philosophie de l'entendement ; il contient comme une théorie générale des mixtes que nous verrons s'appliquer presque parfaitement aux besoins de la philosophie mathématique...*[17]

Le moment essentiel de cette définition est celui où le schème est conçu à deux points de vue différents, comme homogène à la nature de deux réalités essentiellement distinctes et entre lesquelles il sert d'intermédiaire nécessaire pour tout passage de l'une à l'autre. Les mixtes des théories mathématiques assurent le passage d'un domaine de base à l'existence d'êtres créés sur ce domaine, par l'effet d'une pareille dualité interne »[18].

Lautman visant, au travers de cette référence, une « théorie générale des mixtes » « dépass[ant]e de beaucoup le problème spécial de la philosophie de l'entende-

17. Le passage de Kant cité par Lautman sur le schème transcendantal, à la fois homogène à la catégorie puisqu'il est *a priori* en tant que détermination du temps, et homogène au phénomène puisque le temps est impliqué dans toute représentation empirique, se trouve dans E. Kant, *Critique de la raison pure*, 1781-1787, tr. fr. J.-L. Delamare et F. Marty, in *Œuvres complètes*, tome I, *op. cit.*, Analytique Transcendantale, Analytique des Principes, I, « Du schématisme des concepts pur de l'entendement », p. 885.

18. ESE, pp. 197-198.

ment », il faut dire quelques mots du cadre kantien que cette théorie entend excéder. La révolution copernicienne que la philosophie kantienne incarne consiste avant tout à dire que connaître ne consiste pas tant à se donner les moyens de décrire adéquatement son objet, qu'à *constituer son objet*, non pas par hasard ou par décret mais en pleine nécessité et en conformité avec l'expérience sensible. La connaissance scientifique n'est donc jamais simple réception d'une extériorité indépendante d'elle, d'un donné déjà constitué qu'il suffirait de décrire.

Leibniz définissait déjà respectivement le temps et l'espace comme « ordre des successions » et « ordre des coexistences », c'est-à-dire non pas comme des réalités, mais comme des *idéalités*. Kant accentue cela : espace et temps sont pour lui des formes pures et *a priori* de la sensibilité, qui est la faculté d'avoir des intuitions sensibles (non intellectuelles). « Pur » signifie indépendant de toute donnée empirique par lequel un sujet quelconque peut être affecté, alors que « *a priori* » signifie logiquement antérieur à toute affectation sensible du sujet, à toute perception, à toute connaissance. L'examen de leur rôle *transcendantal* chez Kant, c'est l'examen de ce en quoi, et comment, espace et temps sont impliqués *dans toute connaissance possible d'objets*.

Mais ils ne sauraient suffire à cette connaissance ; il existe un autre type de conditions pures et *a priori* : les diverses « catégories » ou concepts purs de l'entendement[19]. L'objet de connaissance est donc *constitué acti-*

19. Le pouvoir de juger, pour Kant, est un pouvoir de synthèse. Outre l'espace et le temps, il s'appuie sur des concepts élémentaires, c'est-à-dire qui sont *a priori* présupposés dans tout acte intellectuel. Ceux-ci, par lesquels le divers sensible, objet d'intuition dans le temps et l'espace, est ordonné et structuré, sont regroupés par Kant en quatre classes : quantité, qualité, relation, modalité.

vement comme objet par cette alliance entre entendement et sensibilité, alliance qui est le « filtre représentatif » nécessaire par lequel l'objet se présente à nous *comme objet structuré*. En particulier, du fait que l'espace, objet immédiat de la géométrie, est immédiatement ce par quoi toute science des corps matériels en mouvement est pensable, il ressort que toute connaissance *physique* passe par le mathématique. Voilà ce qu'est, pour l'essentiel, l'idée de « constitution transcendantale de l'objectivité physique », où « transcendantal » rime partiellement avec « mathématique »[20].

Que sont alors les « schèmes » et quelle est leur fonction ? Très exactement, la médiation par laquelle les deux pôles de la sensibilité et de l'entendement vont pouvoir fonctionner ensemble. Le *schématisme transcendantal* est le centre opérationnel de la collaboration de ces facultés assurant la synthèse de la forme et de la matière, centre dont Kant nous dit qu'il est un « art caché dans les pro-

Unité, pluralité, totalité, par exemple sont les trois catégories de la quantité : tout jugement imaginable de nature ou d'inspiration *quantitative* traitera son objet sous l'angle de l'une de ces trois catégories (tel objet est composé d'une pluralité d'éléments, mais il est aussi un objet *un*, individué et distinct des autres, etc.). De même, les catégories de la « relation » vont par exemple comprendre la catégorie de « causalité » : parmi les relations imaginables entre phénomènes distincts qui se produisent dans le temps et dans l'espace, la relation de cause à effet est par principe, c'est-à-dire *a priori*, l'une des relations possibles qu'ils vont entretenir. La table de ces catégories est dans la *Critique de la raison pure* (« Logique transcendantale », « Analytique transcendantale », Livre I, ch. 2) l'objet d'une « déduction transcendantale », au sens où leur exposition est la résultat de l'explicitation systématique des présupposés attachés à *toute* connaissance possible d'objet.

20. Cette présentation simplifie grandement les difficultés : pour un bilan, voir par exemple E. Barot & J. Servois (dir.), *Kant face aux mathématiques modernes*, Paris, Vrin, 2009.

fondeurs de l'âme humaine »[21]. Les intuitions pures et les catégories d'entendement sont des types de représentations hétérogènes : pourtant il faut pouvoir appliquer les catégories aux intuitions, comme subsumer les intuitions sous les catégories. Or le *temps* est une telle interface entre concept et intuition, car il est *a priori* comme le concept, donc homogène à lui, et condition de la *sensibilité*, donc homogène à elle. La faculté médiatrice c'est l'imagination transcendantale produisant ces *schèmes* qui sont des « déterminations transcendantales *a priori* du temps ».

Un « schème », c'est la représentation d'un procédé opératoire, d'une règle de construction, rendant applicable le concept à l'objet en le temporalisant, c'est-à-dire en lui faisant rencontrer la forme temporelle, ce qui donne au concept un moyen de s'illustrer dans un élément figuratif (*einbilden*) et représentatif (*darstellen*). Ce n'est pas une image ou un schéma, ceux-ci sont spatiaux ou empiriquement intuitifs, c'est une figuration et à la fois la règle d'un mouvement de pensée permettant de subsumer l'objet sous un concept, donc simultanément ce par quoi le sujet connaissant s'ouvre aux objets de l'intuition sensible, et ce par quoi les objets sensibles deviennent des objets de connaissance.

Un schème, en ce sens, est alors un « monogramme de l'imagination »[22]. Par exemple, le nombre (entier) est le schème transcendantal de la quantité : il est le procédé itératif par lequel on produit, conformément à la forme de déploiement selon l'avant-après qu'est le temps, tout nombre singulier par addition successive de l'unité. En résumé :

21. E. Kant, *Critique de la raison pure*, Analytique transcendantale, ch. I « Du schématisme des concepts purs de l'entendement », *op. cit.*, p. 887.

22. *Ibid.*, p. 886.

> « *C'est cette représentation d'un procédé général de l'imagination pour procurer à un concept son image que j'appelle schème pour ce concept* »[23].

Comme le schème rend possible la synthèse intellectuelle entre deux ordres hétérogènes, la synthèse de la forme et de la matière, on comprend pourquoi il sert de modèle à Lautman. Les *mixtes* sont d'abord des objets *mathématiques* capables par leur nature double de jouer le rôle d'intermédiaires entre des plans ou des genres d'êtres différents[24].

Notons d'abord que si Kant est ici la référence, le terme de « mixte » renvoie à Platon[25] et en particulier à la métaphore de la ligne. Certes, on peut aussi dire que d'Euclide à Hilbert, le mathématique est de toute façon le lieu par excellence de la médiation : chez Euclide, les objets géométriques sont déjà des mixtes, *sensibles* en tant que figures graphiques construites à la règle et au compas, et simultanément *intelligibles* en tant qu'objets idéalement déterminés. De même chez Hilbert, le signe mathématique est à la fois ce sur quoi le mathématicien travaille concrètement, et l'indice de concepts qui l'excèdent. *Au sens large*, Kant et Platon

23. *Id.*

24. Le seul exemple de mixte véritablement développé par Lautman, trop complexe pour être exposé ici, est celui de *l'espace de Hilbert*, espace abstrait de fonctions homogène au continu et au discontinu : « *On a souvent opposé la physique du continu à la physique du discontinu ; [mais ce] n'est pas un problème de physique*, le drame se joue plus haut, au niveau des mathématiques *; [...] ce mixte qu'est l'espace de Hilbert est homogène au continu par la nature et la topologie de ses éléments, et au discontinu par ses décompositions structurales* », ESE, pp. 206-207 – nous soulignons.

25. Cf. J. Vuillemin, *La philosophie de l'algèbre. Recherches sur quelques concepts et méthodes de l'algèbre moderne*, I, Paris, PUF, 1993, § 40-41.

partagent donc cette idée qu'il existe une médiation, un instrument intermédiaire entre la forme et la matière du savoir : réalités sensibles et Idées chez Platon, empirique et conceptuel chez Kant.

Lautman, quant à lui, semble faire comme si le « conceptuel » kantien et l'« intelligible » platonicien étaient approximativement la même chose. En « honnête homme », on reconnaîtra la parenté fonctionnelle des deux instances. Mais philosophiquement la différence est fondamentale, et la double référence presque aporétique en l'état. Pour bien saisir cela, il faut revenir à cette idée de constitution transcendantale-mathématique de l'objectivité physique.

1.3.- L'élévation du mathématique au transcendantal

Lautman suit autant les développements de la théorie de la relativité que ceux de la mécanique quantique, et met transversalement l'accent sur l'indissolubilité conceptuelle du mathématique et du physique. Par exemple :

> « *On sait comment la théorie de la relativité accentue encore cette identification du contenant et du contenu : la matière n'est plus considérée comme située dans l'espace, les propriétés de l'espace en chaque point étant déterminées par la densité de la matière en ce point. La géométrie et le physique se constituent solidairement, de sorte qu'il est impossible de séparer l'espace, la variété riemanienne*[26] *et la matière* »[27].

De façon plus générale :

> « *Il est peut-être possible d'admettre que la constatation d'une mesure isolée soit antérieure à toute élaboration ma-*

26. L'objet mathématique « variété » au sens de Riemann.
27. ESE, p. 151.

thématique, mais quelle que soit la phrase ou la relation par laquelle on coordonne deux mesures, l'expression obtenue se situe déjà au sein d'une mathématique. [...] Parler de grandeurs successivement mesurables, c'est parler le langage des opérateurs permutables en mécanique quantique ; [...] constater la périodicité d'un phénomène, c'est se servir pour représenter ce phénomène des fonctions trigonométriques.

[...] Le problème de la réalité physique n'intervient pas au niveau d'une expérience isolée, mais au niveau de ce qu'on pourrait appeler un système physique »[28].

La pensée mathématisante, intrinsèquement *concrète-abstraite*, est bien condition de toute pensée du réel, et, par là, « transcendantale » au sens le plus inaugural du terme. La structuration ou modélisation de l'expérience est inséparable de l'expérience même qu'elle pénètre[29]. Or, au-delà de la formule de « système physique » qui renvoie au holisme (c'est-à-dire à l'idée que tout énoncé ponctuel ne prend sens et valeur de vérité qu'en fonction de toute la théorie dans laquelle il prend place) de Pierre Duhem[30], Lautman semble bien abonder ici dans un *topos* dominant, pas seulement des débats de la physique de l'époque, mais aussi du post-kantisme d'alors, et dont l'Ecole allemande de Marbourg, par son « interprétation épistémologique de Kant », avaient déjà donné la formule[31].

Cette formule, destinée à rénover la position kantienne pour la mettre en conformité avec les avancées physico-mathématiques des XIXe et XXe siècles, c'est celle de *l'élévation du mathématique au transcendantal*. Au vu de la

28. *Ibid.*, p. 233 – nous soulignons.

29. Cf. sur cette pénétration ESE, p. 234, MR, p. 49, et la lettre à Fréchet dans MIR, p. 262.

30. « *La notion de système physique est en effet une notion globale que l'on définit grâce aux intégrales premières et aux invariants intégraux d'un système d'équations différentielles* », *Rapport Bouglé*, p. 12.

31. Cf. *Kant face aux mathématiques modernes*, *op. cit.*

critique transversale de l'intuition rendant impossible le maintien du temps et de l'espace comme *intuitions pures* conditionnant a *priori* la connaissance, il fallait, pour reprendre les termes de Bachelard dans *La philosophie du non*, « … bon gré mal gré, faire monter les deux formes de l'intuition sensible jusque dans l'entendement »[32].

Autrement dit, l'espace-temps de la physique migre de l'intuitif au conceptuel, lequel, on vient de le dire, est intrinsèquement mathématique. C'est donc le mathématique lui-même qui devient le transcendantal de la connaissance, c'est-à-dire ce qui, pur et a priori, conditionne toute connaissance phénoménale. Cassirer dira par exemple que la géométrie riemanienne et kleinienne joue dans la physique d'Einstein le rôle d'un « système transcendantal de concepts », puisque c'est par la définition de groupes de transformations sur une variété quadridimensionnelle[33] que l'espace relativiste peut être atteint. Encore plus explicitement que Lautman et dans le même sens, Cassirer se réfère également à Duhem :

> *« C'est l'examen et l'analyse des symboles dans lesquels les jugements physiques s'expriment, et dans lesquels seuls ils parviennent à la forme qui leur convient, qui doivent faire comprendre le mode caractéristique de l'"objectivité" physique.*
>
> *Le mérite revient à Pierre Duhem d'avoir le premier emprunté cette voie dans son œuvre sur la théorie physique… Elle montre que seule la construction d'un certain*

32. G. Bachelard, *La philosophie du non*, 1940, Paris, PUF, 1988 , p. 110 ; voir, du même, *L'engagement rationaliste*, 1951, Paris, PUF, 1972, p. 128.

33. Cf. E. Cassirer, *La théorie de la relativité d'Einstein. Eléments pour une théorie de la connaissance*, 1921, tr. fr. et présentation J. Seidengart, Paris, Le Cerf, 2000, pp. 78-80 et 105-106.

monde de symboles ouvre l'accès au monde de la "réalité" physique »[34].

L'expérience n'est pas détachable de sa structure, laquelle s'assimile aux systèmes et opérations de mesure qu'on qualifie d'*expérimentales*[35]. C'est donc le monde du symbolisme mathématique qui constitue la nouvelle et imposante place forte de la connaissance. D'aucuns n'ont d'ailleurs pas hésité, dans ce contexte, à abonder dans un certain idéalisme physique, l'Ecole de Copenhague avec Heisenberg ou d'autres, l'anglais Eddington, pour qui le contact avec cette réalité, tout en étant bien « là », finit par relever d'un « contact direct avec le surnaturel »[36], selon la formule de Lautman. La matière physique semble bien se « dérober » ou se voiler, mais ce n'est pas pour autant qu'elle n'est *pas*, ou qu'elle n'est qu'un corrélat construit de la mathématisation scientifique, et qui serait comme une « chose en soi » impossible à atteindre en elle-même. Autant Lautman combat-il viscéralement l'empirisme logique, autant fustige-t-il ce « dogmatisme idéaliste ».

1.4.- « Symbolisation » et « commune participation » : l'anti-kantisme de Lautman

Au premier abord, on s'imagine aisément que le mixte lautmanien est de facture néo-kantienne. Mais en réalité, c'est bien un *avatar* détourné et généralisé du schème kantien, comme en témoigne la conjonction de deux

34. E. Cassirer, *La philosophie des formes symboliques*, tome III, *La phénoménologie de la connaissance*, 1929, tr. fr. C. Fronty, Paris, Minuit, 1972, pp. 454-455.
35. ESE, p. 234.
36. *Ibid.*, p. 232.

thèses apparemment incompatibles au sujet du rapport entre dialectique, mathématiques et réalité physique.

La première thèse est celle de la « symbolisation » :

> « *[...] Le processus de liaison d'une théorie et de l'expérience symbolise la liaison des Idées et des théories mathématiques* »[37].

Cette symbolisation semble bien signifier qu'il y a équivalence de structure, analogie d'organisation, comparabilité, des deux rapports (tous ces termes sont de Lautman). Ce que l'on peut visualiser ainsi :

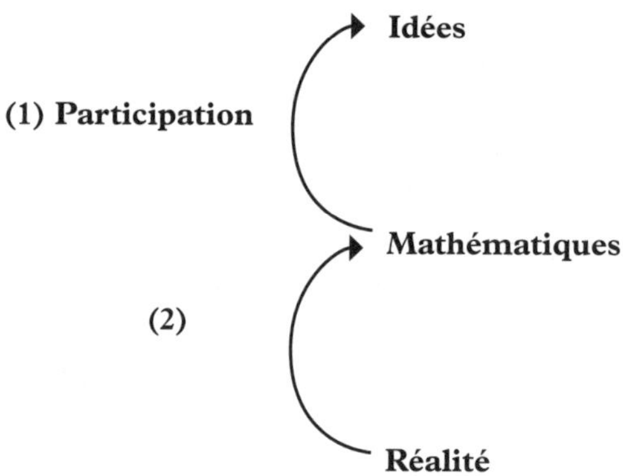

Pour Lautman, on l'a souligné plusieurs fois, les théories mathématiques sont dominées par le drame logique qui se joue au niveau des Idées auxquelles elles participent, ce que la relation (1) indique. L'idée que le rapport (2) entre réalité et mathématiques symbolise la relation (1) met l'accent sur le rôle *médiateur* des mathématiques, dont la lecture transcendantale est, on vient de le voir, tout-à-fait plausible. En revanche, Lautman énonce à diverses reprises la seconde thèse suivante :

37. *Ibid.*, p. 233.

« Une commune participation à une même structure dialectique mettrait ainsi en évidence une analogie entre la structure du monde sensible et celle des mathématiques et permettrait de mieux comprendre comment ces deux réalités sont accordées l'une à l'autre »[38].

Cette « commune participation » indique la commune *domination* des Idées à l'égard des mathématiques et de la réalité, ce que le schéma suivant précise :

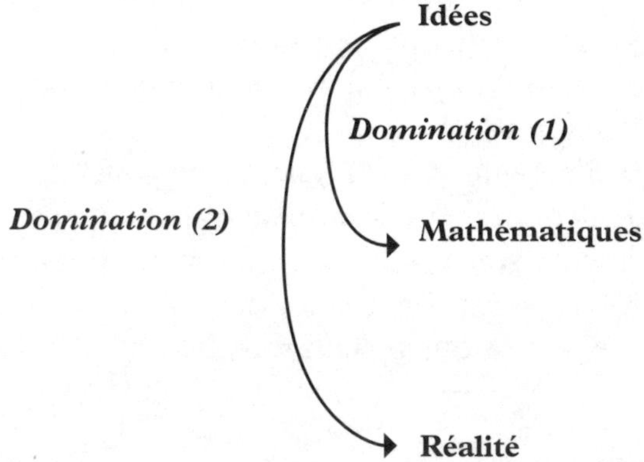

Or ces deux schémas sont *ontologiquement* incompatibles. Ils ne sont compatibles que si le premier décrit un jeu de relations entrant dans l'ordre de la connaissance – « l'ordre des raisons » –, et le second l'ordre de dépendance ontologique – « l'ordre ces causes ». Le premier schéma illustre le mode par lequel s'organise la démarche d'objectivation, alors que le second exprime la réalité ultime à laquelle cette démarche est en dernière instance soumise. Bref, si Kant peut aider à penser comment *s'effectue la démarche de connaissance scientifique* conformément au premier schéma, c'est Platon qui en *rend raison* conformément au second, avec lequel la position kantienne standard est incompatible.

38. SD, p. 267.

En résumé : *de loin*, on acceptera de dire que Lautman souscrit globalement à l'idée d'une constitution transcendantale de l'objectivité, mais détachée de toute intuition, c'est-à-dire opérant par un *schématisme essentiellement mathématisant et non plus esthétisant.* A cette échelle, derrière les querelles d'écoles et même si la formulation kantienne de cette vision est loin de faire l'unanimité, on retrouve un certain consensus[39]. Mais comme les niveaux mathématique et physique, deux réalisations distinctes du niveau dialectique, sont également dominés par lui, la position de Lautman est profondément anti-kantienne. Le lieu du vrai pour lui n'est pas l'activité constituante d'un sujet transcendantal quelconque opérant au sein de formes *a priori*, aussi rénovées soient-elles, c'est la relation entre trois plans du réel dominé par celui des Idées. Ce que l'on va voir avec un retour certain du *Timée*.

2.- Le Même et l'Autre : retour sur le *Timée*, et au-delà

2.1.- Symétries et dissymétries

On a vu (chapitre II) l'importance, pour Lautman, de la méthode platonicienne de division, matrice in-

39. Cf. J. Petitot, « Mathématiques et construction » in *Kant face aux mathématiques modernes, op. cit.*, « "Refaire le Timée". Introduction à la philosophie mathématique d'Albert Lautman », *Revue d'histoire des sciences*, XL (1), 1987 ; J.-M. Salanskis, *L'herméneutique formelle, op. cit.* ; G. Heinzman, « La position de Cavaillès dans le problème des fondements des mathématiques, et sa différence avec celle de Lautman », *Revue d'histoire des sciences*, XL (1), 1987.

terprétative de ce qui constitue le fait mathématique : le moment où au sein d'un même objet se dissocie ce qui relevait de sa « nature » et ce qui relevait de sa « fonction ». Le passage suivant généralise cette dissociation :

> *« La distinction qui s'établit ainsi au sein d'une même notion entre les propriétés intrinsèques d'un être ou d'une notion et ses possibilités d'action nous semble s'apparenter à la distinction platonicienne du Même et de l'Autre qui se retrouvent dans l'unité de l'Etre. Le Même serait ce par quoi une notion est intrinsèque, l'Autre ce par quoi elle peut entrer en relation avec d'autres notions et agir sur elles »*[40].

Ce couple du Même et de l'Autre opère comme les autres couples : fini-infini, continu-discontinu, etc. En même temps, il possède une spécificité nettement établie dans le *Sophiste* par Platon : avec être, mouvement et repos, le même et l'autre[41] constituent, on l'a rappelé, les cinq genres fondamentaux de l'Etre. L'être se voit accorder une primauté du fait de sa simplicité, du fait que si mouvement et repos sont des contraires absolus, ils peuvent également être dits « être » : pour cette raison l'être constitue une figure de leur synthèse. Les deux couples mouvement-repos et même-autre sont donc les premières « divisions » de l'être, ses divisions primordiales, contrairement aux autres couples.

Le genre du *même* fonde l'identité de chaque être par rapport à soi, et lui assure la possibilité de se dé-

40. AMD, p. 79.

41. *Sophiste* 254 d-e ; voir ici-même chap. II, § 1.1.1 « La division », et chap. III, section 1, « Un néo-platonisme équivoque ».

terminer sans se dissoudre dans ce qui n'est pas lui. Cependant le même ne saurait être simplement vu comme un principe statique d'unité, d'identité et de permanence, sinon il serait fort difficile de voir comment il pourrait entrer en relation avec ce qui n'est pas lui, à savoir l'*autre*, la différence et l'altérité. Comme chacun de ces cinq genres, pour garder son identité, doit être *autre* que les autres, il doit aussi à un titre ou un autre envelopper en lui-même l'altérité.

Le genre de l'*autre* est, en ce sens, pleinement relatif : non-être relatif, il véhicule l'opposition (alors que le même véhicule l'identité), qui induit l'altérité sous diverses figures, de la simple différence à la négation, de la contradiction à la contrariété absolue, etc. Ainsi l'autre comme non-être relatif est-il la condition de possibilité du mouvement propre et des relations de participation des Idées entre elles, et du procédé de division rendant raison de la pluralité.

2.1.1.- De la cristallographie à la non-commutativité

Les multiples incarnations du couple même-autre reçoivent une attention toute particulière de Lautman dans son texte *Symétrie et dissymétrie en mathématiques et en physique* (publié à titre posthume en 1946). La première incarnation est livrée par le paradoxe de l'incongruence dans le plan des objets symétriques[42], paradoxe dont Lautman rappelle qu'il est devenu un pôle central des études sur les structures des phénomènes. Cette incongruence

42. L'incongruence de deux figures symétriques est l'impossibilité de les superposer dans le plan (par exemple, mises à plat, la main gauche et la main droite). Cf. ici-même, ch. II, § 3.2.2.

en cristallographie (études des cristaux) s'appelle *énantiomorphie*[43].

De Pasteur à Pierre Curie, Lautman y insiste, cette dissymétrie par énantiomorphie, mélange de symétrie et de dissymétrie, est progressivement apparue comme une « condition nécessaire du phénomène physique en général »[44] renvoyant à une structure géométrique de différence d'orientation des cristaux. Mais cette dualité, visible également en électromagnétisme dans l'étude des phénomènes de polarisation lumineuse, ou encore dans l'étude des propriétés du *spin* (ou moment de rotation) de l'électron, met aussi en évidence, pour Lautman, la possibilité ou l'impossibilité de relations de permutation entre les réalités considérées (comme entre gauche-droite dans une symétrie classique), relations qui sont justement poussées à leur limite par les théories mathématique les plus abstraites.

Il étudie alors la loi algébrique de non-commutativité qui caractérise certaines opérations. Si une relation de symétrie standard se traduit par le fait que la même opération effectuée deux fois sur une figure donnée redonne la figure initiale – auquel cas cette relation est dite *commutative*, et la symétrie *involutive* –, il existe néanmoins des opérations qui ne satisfont pas ces propriétés.

Prenons deux grandeurs quelconques A et B. Leur produit (AB) au sens large (par exemple la multiplication) est le résultat de leur *composition*. On peut avoir la propriété suivante : (AB) ≠ (BA), ou encore (AB) = –(AB). Cette opération sur A et B est alors *non-commu-*

43. La définition que rappelle Lautman est : « Deux cristaux isomères, symétriques l'un de l'autre par rapport à un plan, et non superposables, sont dits énantiomorphes », SD, p. 265.

44. SD, p. 266.

tative, c'est-à-dire essentiellement *dissymétrique*. Mais dans la mesure où une opération de ce genre peut être à la fois involutive et dissymétrique, on qualifie les expressions (AB) et (BA) d'*antisymétriques*, « et ce mot traduit bien le mélange de symétrie et de dissymétrie qui est ainsi profondément installé au cœur de l'algèbre contemporaine »[45]. De même, l'énantiomorphie naturelle est pour Lautman « l'équivalent, dans le monde des phénomènes, de l'antisymétrie inhérente à certains êtres mathématiques »[46].

2.1.2.- Des fonctions d'onde à la dualité pair-impair

Un exemple particulièrement éclairant, que Lautman reprend à L. de Broglie[47], est celui du fondement mathématique de la classification en *symétriques* et *dissymétriques* des fonctions d'ondes associées à des particules en mécanique ondulatoire. Lorsque dans un système physique de n corpuscules jouant le rôle de variables du système, les trajectoires de ces derniers sont indiscernables, alors la fonction d'onde Ψ décrivant ce système $\{1,2,\ldots,n\}$ peut être remplacée à l'identique par la fonction d'onde du système dans lequel on a permuté de façon quelconque les n variables. Par exemple, pour un système à deux particules, on va avoir $\Psi(1,2) = \Psi(2,1)$. Dans d'autres cas en revanche, on va avoir affaire à une fonction antisymétrique telle que $\Psi(1,2) = -\Psi(2,1)$.

45. *Ibid.*, p.269.
46. *Id.*
47. Louis-Victor de Broglie* (1892-1987), mathématicien, physicien, prix Nobel de Physique en 1929 pour sa « théorie sur la nature ondulatoire de l'électron ».

On est dans une situation d'antisymétrie dans les systèmes de corpuscules *élémentaires* (électron, proton...), mais en revanche dans une situation de symétrie pour un système de particules *complexes* (composées de corpuscules élémentaires), ce qui montre le rôle fondamental de l'antisymétrie dans les corps complexes comme les molécules. En réalité pour de Broglie, insiste Lautman, dans le cas de particules complexes, on peut avoir des fonctions d'ondes symétriques ou antisymétriques, *l'origine de la différence étant le nombre pair ou impair de leurs constituants.*

Lautman s'appesantit alors sur le fondement proprement mathématique de cette distinction. A la dualité pair-impair du nombre de composants, qui implique l'identité ou la non-identité des fonctions d'ondes de systèmes dont on a permuté les variables, il fait correspondre la dualité pair-impair, telle qu'elle se manifeste dans les propriétés simples mais essentielles du groupe des permutations de *n* objets.

Une « permutation » d'un certain nombre *n* d'objets distincts et ordonnés, comme un ensemble fini d'entiers naturels, c'est un réarrangement de ces *n* objets sur la base d'un changement de leur ordre de succession, ainsi {3,1,2} est une permutation de {1,2,3}. Le « groupe symétrique » d'un ensemble d'objets, c'est le groupe des permutations, c'est-à-dire des bijections ou correspondances biunivoques, que l'on peut établir en lui.

Etudiant le groupe symétrique de {1,2,3}, Lautman distingue les deux familles en lesquelles il se décompose : le sous-groupe des permutations paires, et la famille des impaires. On les obtient respectivement par le procédé suivant. Une permutation *paire* est le résultat d'un nombre *pair* de « transpositions » c'est-à-dire d'échanges d'éléments deux à deux. Une première et unique transposition de {1,2,3} produit ainsi nécessairement {2,1,3} – on échange 1 et 2 –, {1,3,2} – on échange 2 et 3, etc. – ou enfin {3,2,1}, qui sont les permutations *impaires*, où l'ordre initial est modifié.

Si l'on effectue une seconde transposition de chacun de ces trois triplets (c'est-à-dire au total si l'on effectue *deux* transpositions, nombre pair), on retrouve, malgré les modifications de place, l'ordre initial : toute transposition, par exemple, de {3,2,1}, donne en effet {2,3,1}, {3,1,2} ou {1,2,3}, qui sont les permutations paires de {1,2,3}. Cette fois l'on voit que les nombres, tout en étant permutés, c'est-à-dire changés de place, *restent dans l'ordre initial.*

Une des conséquences de ce fait, c'est que l'une des permutations paires est tout simplement la permutation *identique*. En revanche dans les permutations impaires on voit immédiatement qu'*il n'y a pas la permutation identique*. Dès lors, contrairement aux permutations paires, cette « famille » des impaires ne forme pas un « sous-groupe » (structure dérivée de la structure de groupe), « puisqu'elle ne contient pas la permutation identique »[48]. Les deux ont donc un statut algébrique différent.

Lautman met enfin sur le même plan la « dissymétrie » physique (identité ou non-identité après permutation des variables) entre fonctions d'ondes symétriques et antisymétriques associées à un système de particules, dissymétrie qui repose sur la parité ou la non-parité du nombre des constituants de ces particules, et la dissymétrie algébrique (possibilité ou impossibilité de l'identité des permutations selon la parité

48. SD, p. 270

ou la non-parité du nombre de transpositions). Les deux illustrent un même type général de dissymétrie, ce qui plus généralement montre pour lui « de la façon la plus nette en quel sens il est possible de parler de la commune participation du monde sensible et de certaines théories mathématiques à une même structure dialectique, faite de mélange de symétrie et de dissymétrie »[49].

On va retrouver plus loin ces fonctions d'onde, au sujet du rôle que joue le temps en elles, et de la nature de ce dernier qui s'y exprime. Pour l'instant, revenons sur l'enquête transversale de Lautman sur la dualité.

2.2.- Dualités

Lautman élargit son propos en considérant la propriété générale de *dualité* et les théorèmes de dualité associés. Au-delà des relations involutives, l'opération algébrique de *complémentation* lui semble illustrer de façon simple et profonde cette dualité. Soit un ensemble E d'éléments au sein duquel on établit une propriété pouvant être possédée ou non par chaque élément (être vrai ou non pour une proposition, pair ou non pour un entier, etc.).

On peut donc établir deux sous-ensembles P et P' contenant les éléments qui, respectivement, possèdent ou ne possèdent pas cette propriété : ces deux sous-ensembles n'ont, par définition, pas d'élément commun. On a donc $P \cap P' = \emptyset$: leur intersection est vide (ou : leur produit logique est nul). Et leur union épuise l'ensemble de départ : $P \cup P' = E$ (ou : leur somme logique égale l'ensemble de départ). La conjonction

49. *Ibid.*, p. 271.

de ces deux propriétés permet d'affirmer que P et P' sont *complémentaires dans E.*

Cette complémentarité qui est une dualité globale entre P et P' permet d'établir, si l'on prend l'exemple de la distinction entre propositions vraies et propositions fausses d'une théorie, qu'une proposition p de P sera par exemple la *négation* de la proposition p' de P'. Et si l'on prend alors la loi de contraposition qui, en logique propositionnelle s'énonce $(p \supset q) \Longleftrightarrow (\neg q \supset \neg p)$, avec $\neg$ comme symbole de la négation et $\supset$ comme symbole de l'implication, on voit que la dualité inverse le sens de l'implication, « ce qui contribue à identifier la dualité par symétrie géométrique et la dualité par négation logique »[50].

C'est aussi cette dualité transversale que Lautman voit à l'œuvre dans certains grands théorèmes de la géométrie projective (ré-inventée par Poncelet[51] en 1822) : en géométrie projective plane, en peut définir une courbe par les points qui la constituent, ou par les droites tangentes à la courbe en chacun de ses points. On peut alors passer des points d'une droite, aux droites passant par un point et réciproquement, et plus généralement, garder un énoncé vrai en inversant « droite » et « point » dans sa formulation. Et, bien évidemment, cette dualité trouve une formulation algébrique qui permet à Lautman d'affirmer que négation logique, dualité projective, symétrie géométrique, etc., comme les symétries naturelles, sont de simples incarnations variées de l'Idée même-autre.

50. *Ibid*,, p. 272.

51. Jean-Victor Poncelet (1788-1867), mathématicien, géomètre, général, commandant de l'Ecole Polytechnique de 1848 à 1850, auteur notamment de *Traité des Propriétés Projectives des Figures* (1822).

2.3.- La double nature du temps : de la mécanique ondulatoire au Timée

Dans *Le problème du temps* (texte qui fait suite à cette étude sur symétrie et dissymétrie) Lautman étudie la distinction entre le *temps irréversible* de la durée des choses et le temps comme *dimension orientée* intervenant dans la formulation des lois de la nature, distinction qui illustre aussi cette composition du même et de l'autre. Le premier « temps » est aussi celui de la mécanique classique où, indépendant de l'espace, il joue le rôle de paramètre d'évolution d'un système, paramètre dans lequel s'identifient, comme Newton ou même Descartes en ont consacré le principe, la dimension dynamique (physique) et la dimension géométrique (mathématique). La mécanique ondulatoire, elle, impose la distinction entre les deux conceptions, en insistant sur la seconde qui est liée à la différence des rôles que jouent alors le temps et les coordonnées d'espace.

Dans le continuum spatio-temporel, chaque corpuscule est caractérisé par un quadri-vecteur : trois composantes spatiales p_x, p_y et p_z, caractérisent sa quantité de mouvement global p, et une composante Et, son énergie, liée au temps par le fait qu'elle est une fonction de la vitesse du corpuscule. Si l'on considère la masse m de cette particule, soumise à une énergie potentielle variable dans l'espace V, son énergie mécanique totale est donnée par la formule générique :

$$E = \frac{p^2}{m} + V\ (x, y, z)$$

Einstein, Planck et de Broglie, entre autres, ont montré que les propriétés quantiques de la matière impliquaient certaines équivalences entre ses propriétés ondulatoires (fréquence et longueur d'onde) et corpusculaires (énergie et impulsion). Dans la mesure où l'on doit pouvoir associer à un corpuscule ces propriétés ondulatoires, il faut qu'il possède une distribution spatiale et temporelle.

A partir de l'égalité ci-dessus et conformément à ces principes généraux de la théorie des quanta et de la mécanique ondulatoire, on peut calculer d'une part la longueur d'onde de l'onde de de Broglie associée à ce corpuscule, et d'autre part la fonction d'onde Ψ décrivant les propriétés de cette onde associée (vitesse de propagation, amplitude) sur la base de la relation en chaque point qui l'associe à cette longueur d'onde. L'idée essentielle est que la description du corpuscule se fait principalement au moyen de cette fonction d'onde Ψ, que l'on calcule au moyen d'une équation techniquement complexe, l'équation de Schrödinger[52].

La résolution de cette équation fait apparaître que le noyau de la fonction d'onde Ψ est de la forme :

$$\mathrm{E}t - p_x - p_y - p_z$$

C'est l'information capitale pour Lautman dans le cadre de son examen de la double nature du temps. En effet cette relation montre que l'association mathématique entre temps et espace se fait par une *différence de signes*, et pour lui, cette différence indique la présence de la conception dimensionnelle du temps.

Sans entrer dans les détails, quelques explications sont nécessaires. L'élément essentiel est que le calcul

52. Erwin Schrödinger (1887-1961), physicien autrichien, prix Nobel de Physique (avec Paul Dirac) en 1933. L'exposé détaillé de Lautman se trouve en SD, pp. 279-287. Voir également en ESE, pp. 200-207, ses développements sur l'être mathématique « espace de Hilbert » qui est utilisé de façon centrale dans le formalisme de la mécanique quantique et le traitement de tous ces opérateurs.

de Ψ suppose un processus de « quantification » plus compliqué qu'en mécanique classique. On passe d'une équation de la mécanique classique à une équation de la mécanique quantique en remplaçant les grandeurs physiques, appelées « observables », par des êtres mathématiques particuliers qu'on appelle des « opérateurs » (qui ne sont pas de simples fonctions, mais des objets plus élaborés) et qui les représentent.

Dans le cas de la dernière expression ci-dessus, d'un côté, les quantités de mouvement p_x, p_y, p_z sont représentées par des opérateurs obtenus par dérivation par rapport au temps. De l'autre côté, E est obtenue avec un autre opérateur, spécifique, l'opérateur dit « hamiltonien »[53]. En mécanique classique, l'évolution dans le temps d'une grandeur physique et celle de l'énergie n'impliquaient pas de distinguer deux rôles du temps. Ici en revanche leur dissociation est exigée. L'opérateur hamiltonien associé à l'énergie appliquée à la fonction d'onde, en effet, *dépend de la structure du continuum spatio-temporel*, contrairement aux autres opérateurs correspondant aux grandeurs physiques p_x, p_y et p_z, qui eux sont obtenus par dérivation simple par rapport au temps, lequel joue en ce qui les concerne le simple rôle de paramètre *indépendant* d'évolution du système.

Saisir toute la signification de l'équation de Schrödinger implique pour Lautman de voir qu'en elle interviennent à la fois le temps *paramétrique* ou « géométrique » (pour la quantité de mouvement) et le temps *dimensionnel* ou « dynamique »[54] (pour l'énergie). Enfin, c'est par cette dissociation interne du temps, « dissymétrie »

53. Du nom de William Rowan Hamilton (1805-1865), mathématicien et physicien irlandais.

54. L'opposition entre l'aspect « géométrique » et l'aspect « dynamique » du temps est mentionnée en SD, p. 282.

mathématiquement déterminée, que l'on peut objectiver la dissymétrie réelle des phénomènes corpusculaires considérés.

Ainsi, la dialectique du même et de l'autre s'accomplit soit dans l'identité des deux conceptions du temps (en mécanique classique), soit dans leur opposition. L'essentiel est que leur dualité, comme pour toute opposition dialectique de contraires, on l'a noté au chapitre III, est *logiquement* antérieure et « indifférente » à la relation d'équivalence ou d'opposition qui peut ensuite les caractériser, c'est-à-dire partiellement indéterminée. Lautman montre alors que cette dualité est déjà présente dans des théories purement mathématiques : dans la théorie des équations aux dérivées partielles, et dans certains travaux associant théorie des équations différentielles et topologie.

En fait, ces théories livrent déjà les formulations purement mathématiques distinctes, mais incluant la possibilité de leur identité sous certaines conditions, de ce qui deviendra la conception dimensionnelle du temps d'un côté, sa conception paramétrique de l'autre. D'où cette affirmation majeure :

> *« Le temps physique sous toutes ses formes, n'est que la réalisation sensible d'une structure qui se manifeste déjà dans le domaine intelligible des mathématiques »*[55].

On entend très clairement dans cet énoncé un écho de l'affirmation platonicienne du *Timée* selon laquelle le temps, qui est fabriqué par le démiurge et fait donc partie comme toute chose créée de l'univers sensible, est « une image mobile de l'éternité »[56].

55. SD, p. 287.
56. *Timée*, 37d.

Voici d'ailleurs comment Lautman résume toute sa position cosmologique :

> « *En voyant ainsi définir le sensible par un mélange de symétrie et de dissymétrie, d'identité et de différence, il est impossible de ne point évoquer le Timée de Platon. [...] les matériaux dont est formé l'Univers ne sont pas tant les atomes et les molécules de la théorie physique que ces grands couples de contraires idéaux comme le Même et l'Autre, le Symétrique et le Dissymétrique, associés entre eux selon les lois d'un harmonieux mélange* »[57].

Ainsi, la cosmologie de Lautman récuse-t-elle toutes les positions qui réduisent le réel à ce qui en est *directement* connaissable, que ces positions soient de veine matérialiste, idéaliste, positiviste ou encore instrumentaliste.

2.4.- Vers un nouveau « programme métaphysique de recherche »

Dire que les matériaux ultimes de l'univers sont ces couples-là, c'est-à-dire les Idées, c'est bien défendre un réalisme *métaphysique* pour lequel l'unité de l'être est une unité de *déclinaison*, c'est-à-dire d'instanciation sur les différents plans de la rationalité (dialectique, mathématique, physique), qui sont autant de modèles de la domination des Idées, mais aussi une unité de *dérivation* de cette rationalité, de l'intelligible vers le sensible.

On a mis en évidence les différences qui séparaient Lautman de Hegel, mais on ne saurait minimiser ceci : après Platon, « refaire le Timée » c'est aussi repenser conceptuellement la science positive (ici la physique) dans sa nécessité dialectique, c'est-à-dire dans le fait

57. SD, p. 267.

que les lois qui régissent les phénomènes ne prennent vraiment tout leur sens que parce qu'elle exprime la participation dialectique aux Idées.

Lautman partage pleinement avec Hegel l'idée selon laquelle la nécessité conceptuelle, pleinement rationnelle, exige de dépasser le plan légal et factuel, et cela autant en mathématiques qu'en physique. On voit donc encore une fois clairement que l'ambition de Lautman, comparable à celles des romantiques allemands ou de Hegel, témoigne du refus de se soumettre à l'interdit épistémologico-critique kantien de toute cosmologie rationnelle, de toute métaphysique du cosmos, censée excéder les pouvoirs propres de la raison. On tient peut-être là un motif majeur du peu d'intérêt sérieux porté jusqu'à aujourd'hui à l'égard de toute cette œuvre (comme à la philosophie des sciences physico-mathématiques de Hegel).

Mais si ces grandes thèses ne pouvaient susciter qu'un scepticisme poli dans une époque dominée, dans le champ épistémologique, par un refus profond de tout détour métaphysique, elles méritent aujourd'hui au moins d'être examinées à nouveaux frais[58]. Lautman est manifestement extrêmement confiant dans les pouvoirs de la pensée, mais ce n'est jamais au détriment de la rigueur scientifique légitimement exigible en ces domaines, dont il est dûment instruit : aucun argument scientifique au sens strict ne peut donc s'opposer à ce que ces thèses ne constituent tout ou partie d'un nouveau « programme métaphysique de recherche » pour reprendre la formule du philosophe hon-

58. Cf. P. Kerszberg, « Albert Lautman ou le Monde des Idées dans la Physique Relativiste », *La Liberté de l'Esprit*, 16 (1987), pp. 211-236.

grois Imre Lakatos[59], à même de féconder la recherche scientifique.

Un dernier bilan, avant de conclure.

Les lois de la nature, pour Lautman, sont à prendre en analogie avec les combinatoires symboliques des théories mathématiques. Ces combinatoires de signes, on l'a vu, sont la « matière » des Idées : c'est par elles que la matérialisation, c'est-à-dire l'incarnation déterminée des Idées s'opère, ce qui fait que les signes sont à la fois un *objet autonome*, et une « con-signation » de l'Idée, sa *trace*. De même, les lois de la nature sont évidemment justiciables d'une objectivation proprement scientifique autonome, mais leur sens profond est d'être également de telles traces.

Ainsi, chez Lautman, le rapport du mathématique et du dialectique s'enrichit et se complexifie grâce au détour cosmologique : la puissance explicative en physique du mathématique indique à la fois l'intrication des deux domaines et leur hiérarchisation. Mais au-delà de l'efficacité scientifique, et en ce sens à rebours de l'opinion commune, les deux plans pour Lautman ne prennent pleinement sens, n'accèdent à leur complète *nécessité*, que lorsqu'on les renvoie à ce à quoi, au-delà des faits et des phénomènes, ils participent : les Idées.

Nous avons retenu en introduction l'affirmation de Lautman selon laquelle le rapprochement de la métaphysique et des mathématiques, n'est pas contingent mais *nécessaire*. La cohérence de cette vision est ma-

59. Imre Lakatos (1922-1974), logicien, épistémologue, auteur notamment de *Preuves et réfutations. Essai sur la logique de la découverte mathématique* en 1963-1964.

nifeste : de même que les problèmes que se posent les mathématiciens sont de nature foncièrement métaphysique, la véritable connaissance physique de la réalité sensible elle-même n'est possible que si l'on excède les savoirs qui peuvent être directement élaborés à son sujet vers les drames logico-dialectiques que *sont* les Idées.

La pensée de Lautman est une pensée forte et exigeante sur les deux plans ou deux « territoires » dont elle tire ses ressources et ses objets, celui de la philosophie et celui de la mathématique, dans ce qu'ils ont de plus classique, de plus constitutif, de plus problématique aussi. Mais, malgré la netteté de ses grandes orientations, les voies qu'emprunte Lautman pour faire se rencontrer, dialoguer, se féconder mutuellement les deux sont assez ouvertes pour que son œuvre puisse être reçue selon des lectures ou des usages tout-à-fait variés.

La conclusion va donc porter sur les deux réceptions, mathématique et philosophique, que son œuvre a suscitées, et les croisements qui les caractérisent. Ce faisant, l'on s'efforcera de présenter quelques-unes des pistes nouvelles qu'elles offrent aujourd'hui, et qui témoignent de la vigueur et de l'actualité de cette pensée.

Conclusion

« Répondre par la colère à l'ordre du monde jugé mauvais quand il ne peut être changé »[1].

L'œuvre de Lautman est quantitativement réduite mais extrêmement dense. Ses infidélités philosophiques, son érudition scientifique, et les chemins escarpés qu'il emprunte rendent parfois ses textes difficiles d'accès, même si son style est clair, paradoxalement pédagogique, pour qui a le temps de s'informer du corpus, de l'histoire et des pratiques mathématiques. Bien des approfondissements collectifs seront nécessaires pour pouvoir évaluer pleinement toute la portée de ses travaux. Notre objectif, plus modeste, était de rendre accessibles les grandes lignes de sa conception d'ensemble.

1. Souvenir de correspondance de Suzanne Lautman, notice introductive à SD (EO), p. 4.

Pour Lautman, les mathématiciens font l'expérience d'un secteur bien particulier, non spatio-temporel, du réel, qui leur *résiste* et auquel ils tentent pourtant de donner une forme rationnelle aussi univoque que possible. Ce faisant, ils éprouvent tout-à-la fois la pesanteur d'une histoire qui les oriente et restreint leurs possibles, mais aussi la sollicitation de leur inventivité, dans la mesure où leurs productions théoriques ne sont pas pré-inscrites ou prédéterminées par ce qui leur est légué. La conviction de Lautman est que cette double dimension, constitutive de l'expérience mathématique, témoigne de la persistance d'interrogations *primitives* dont l'histoire affine la formulation et les esquisses de résolutions, sans pour autant jamais en épuiser toutes les virtualités.

C'est cette persistance, à la hauteur de leur généralité et de leur indétermination, de leur équivocité finalement, qui justifie pour lui qu'on pense ces interrogations comme échappant d'une certaine façon à l'histoire, et comme transcendant celle-ci, c'est-à-dire comme gouvernant en extériorité certains traits de son effectuation. Voilà pourquoi, en un sens platonicien quelque peu revisité, il les présente comme des Idées. Mais ces Idées, tout en se faisant histoire, restent Idées, pôles irréductibles d'une inlassable dialectique dont l'origine foncière reste la capacité qu'ont les hommes de vouloir toujours en découdre avec leur propre incompréhension d'un univers qu'ils perçoivent comme ordonné, mais dont la loi d'ordre leur échappe.

C'est le passage par une dialectique d'ordre métaphysique qui permet à Lautman de comprendre comment l'effet d'atemporalité et de nécessité des vérités mathématiques peuvent être le résultat de pratiques temporalisées qui auraient pu être différentes, bref, de comprendre comment la nécessité peut surgir de la contingence, ce qui est bien l'enjeu philosophique fondamental de son enquête. Si la vérité mathématique a une histoire, celles des figurations théoriques successives qui ne se contentent jamais de répéter le même, mais produisent du neuf, la progressivité de ces figurations ne prend pourtant vraiment sens, ne trouve toute sa consistance que par rapport à ces Idées-énigmes, qui resteront à jamais, dans leur ordre propre, irréductibles.

Le travail de Lautman n'a pas encore trouvé l'écho qu'il mérite ; néanmoins, son œuvre a donné lieu à deux réceptions d'importance, mathématique et philosophique. En guise de conclusion, on les présente succinctement, on identifie certains de leurs croisements et on met en valeur les voies qu'elles explorent. L'enjeu n'est pas des moindres, puisque ces recherches tentent de renouveler la façon de poser le problème du rapport entre mathématiques et philosophie, donc la façon de déterminer leurs identités respectives, et par là de redessiner les contours de leur future collaboration.

1. La réception mathématique : de Bourbaki à la théorie des catégories

1.1.- Lautman et Bourbaki

1.1.1.- Une entreprise mathématique commune

Quand on entend parler de « néo-platonisme » plus ou moins hégélien, on a du mal à imaginer un lien étroit avec Bourbaki. Et pourtant. Bourbaki, pseudonyme collectif de l'Association des Collaborateurs de Nicolas Bourbaki créée en 1935, représente un moment essentiel des mathématiques du XXe siècle : moment du recul acquis à l'égard de la crise des fondement, de la grande synthèse notionnelle et technique de la diversité des branches des mathématiques, entre la théorie des structures abstraites, la méthode axiomatique, et la théorie axiomatique des ensembles qui constitue le cadre fondationnel transversal de l'ensemble.

Reprenant le terme à Euclide, les *Eléments de mathématiques* de Bourbaki débutent leur publication en 1940. L'esprit bourbachique va, en plus de sa propre productivité dans les décennies qui vont suivre, essaimer et s'institutionnaliser durablement bien au-delà de l'Europe franco-allemande, aux Etats-Unis notamment, en particulier à la suite de l'exil de nombre de penseurs, consécutif à la prise du pouvoir par les Nazis en Allemagne et à la seconde guerre mondiale. Ce qui fait que la pensée Bourbaki peut être qualifiée de nouveau « paradigme » au sens de Kuhn, ayant instauré, après la crise des fondements, une nouvelle période de « science normale », de production théorique aussi stable que féconde. Les principales thèses philosophiques de Bourbaki sont résumées dans le texte « L'architecture des mathématiques » (1948), dont l'extrait suivant est remarquablement instructif :

> *« Dans la conception axiomatique, la mathématique apparaît en somme comme un réservoir de formes abstraites – les structures mathématiques ; et il se trouve – sans qu'on sache bien pourquoi – que certains aspects de la réalité expérimentale viennent se mouler en certaines de ces formes comme par une sorte de préadaptation…*
>
> *C'est seulement avec ce sens du mot "forme" qu'on peut dire que la méthode axiomatique est un "formalisme" ; l'unité qu'elle confère à la mathématique, ce n'est*

pas l'armature de la logique formelle, unité de squelette sans vie ; c'est la sève nourricière d'un organisme en plein développement... »[2]

Au vu de cette conjonction étroite des thématiques de la structure et de l'organicité des mathématiques, et du lien consubstantiel qui unit ces dernières au réel, et même par le lexique employé, on voit que ce texte aurait pu être écrit par Lautman. Cette convergence ne doit rien au hasard : Bourbaki et Lautman ont puisé *ensemble* aux mêmes sources, notamment allemandes, d'où proviennent largement ces idées.

L'amitié qui liait Lautman à Jacques Herbrand, mais aussi à Claude Chevalley, Charles Ehresmann[3], sa fréquentation d'André Weil et de Jean Dieudonné[4], qui font partie de la première génération, celle des fondateurs, de Bourbaki, valident sans difficulté la thèse selon laquelle cette convergence fut plus qu'une convergence. Ce fut *une même entreprise, menée en commun, de réflexion et de production sur les mathématiques de l'époque*[5], et en particulier la nouvelle algèbre allemande, dont Cavaillès et Lautman comptent parmi les introducteurs en France au cours des années 1930. Que ce soit les travaux en topologie algébrique d'Alexandroff, de Hopf[6], de Her-

2. N. Bourbaki, « L'architecture des mathématiques », dans F. Le Lionnais (éd.), *Les grands courants de la pensée mathématique*, 1948, Paris, Hermann, 1998, pp. 46-7.

3. Cf. F. Zalamea, « Albert Lautman et la dialectique créatrice des mathématiques modernes », *op. cit.*, pp. 30-31, note 2.

4. Claude Chevalley (1906-1988), Charles Ehresmann (1905-1979), André Weil (1906-1998), Jean Dieudonné (1906-1992).

5. Cf. S. Lautman, notice introductive à SD (EO).

6. Pavel Alexandroff, mathématicien russe (1896-1982), Heinz Hopf, mathématicien allemand (1894-1971).

mann Weyl, ceux d'Elie Cartan[7] en analyse complexe, ceux d'A. Weil dans ce qui deviendra la géométrie algébrique, la géométrie différentielle, l'algèbre autour notamment du traité révolutionnaire *Algèbre moderne* de Van der Waerden[8] de 1931, que Lautman est l'un des premiers à utiliser, leurs études se croisent et s'inspirent mutuellement. Et bien sûr, il y a l'influence partagée des travaux en théorie de la démonstration, Lautman citant ceux de Jacques Herbrand qui, lui, était tout particulièrement lié à l'école de Göttingen et à Hilbert. Autant de champs que Lautman est l'un des tout premiers à examiner philosophiquement avec acuité.

Jean Dieudonné, l'âme historienne et philosophante de Bourbaki dont il fut sûrement le membre le plus influent, rappellera explicitement en son nom propre et bien plus tard (en 1977, dans la Préface à la première édition des œuvres de Lautman, puis en 1982) en quoi la pratique philosophique de Lautman est à ses yeux exemplaire :

> « *Les philosophes contemporains qui s'intéressent à la mathématique s'occupent le plus souvent de ses origines, de ses relations avec la logique ou des "problèmes de fondements" ; attitude toute naturelle, puisque ce sont là des questions qui appellent d'elles-mêmes la réflexion philosophique. Bien peu sont ceux qui cherchent à se faire une idée des grandes tendances des mathématiques de leur temps, et de ce qui guide plus ou moins consciemment les mathématiciens actuels dans leurs travaux.*

7. Elie Cartan (1869-1951), spécialiste notamment en algèbre et en géométrie différentielle, fut l'un des mathématicien français les plus influents, et membre du jury de thèse de Lautman. Son fils, Henri Cartan (1904-2008), également mathématicien d'importance, fut l'un des co-fondateurs de Bourbaki.

8. Bartel Landeert Van der Waerden* (1903-1996), mathématicien hollandais.

Albert Lautman, au contraire, semble avoir toujours été fasciné par ces questions. Comme Jean Cavaillès, il avait fait l'effort de s'initier aux techniques mathématiques de base, ce qui lui permettait de s'informer des recherches les plus récentes sans risquer d'être noyé sous un flot de notions abstraites difficilement assimilables par un profane. Aussi [...] il avait acquis sur les mathématiques des années 1920-1930 des vues bien plus étendues et précises que n'en avaient la plupart des mathématiciens de sa génération, souvent étroitement spécialisés ; je puis en témoigner en ce qui me concerne personnellement.

Ce sont ces vues qu'il expose dans ses deux thèses, et, à quarante ans de distance, on ne peut qu'être frappé de leur allure prophétique. Car, dès le titre de ces ouvrages, on y trouve comme en exergue les deux idées forces qui ont dominé toute l'évolution ultérieure, le concept de structure mathématique et le sentiment profond de l'unité essentielle sous-jacente à la multiplicité apparente des diverses disciplines mathématiques »[9].

Au-delà de cet effort consistant à se mettre au niveau des « tâches héroïques de la pensée difficile »[10], et de sa légitimité reconnue en ces difficiles matières, Lautman semble rétrospectivement apparaître comme le philosophe inattendu, aux intuitions « prophétiques », du paradigme bourbachique.

1.1.2- Une divergence philosophique fondamentale

Lautman serait ainsi le penseur officiel de Bourbaki : mais en réalité, c'est au prix d'une magnifique torsion

9. J. Dieudonné, dans MIR, p. 35. Du même voir, J. Dieudonné, M. Loi & R. Thom (éd), *Penser les mathématiques*, Paris, Seuil, 1982, p. 33.

10. Lettre de Bachelard à Lautman du 11 janvier 1938, *Revue d'histoire des sciences*, XL (1), 1987, p. 129.

du sens *philosophique* que Lautman accorde aux structures et à la métamathématique que Dieudonné peut s'en réclamer avec autant de ferveur. Sans aucunement minimiser leurs convergences touchant l'articulation entre la méthode axiomatique, le structuralisme, l'ensemblisme et la métamathématique, il y a néanmoins, sur le sens profond de cette unité, un fossé net entre les deux. Voilà comment Bourbaki pense cette articulation :

> « *On sait aujourd'hui qu'il est possible, logiquement parlant, de faire dériver toute la mathématique actuelle d'une source unique, la Théorie des Ensembles. Il nous suffira donc d'exposer les principes d'un langage formalisé unique, d'indiquer comment on pourrait rédiger en ce langage la Théorie des Ensembles, puis de faire voir comment s'insèrent dans celle-ci les diverses branches des mathématiques, au fur et à mesure que notre attention se portera sur elles…*
>
> *[C]e langage condensé s'accompagne de "raisonnements" d'un type particulier, qui appartiennent à ce qu'on appelle la Métamathématique…*
>
> *Il semble plus simple de dire qu'on pourrait se passer de ces raisonnements métamathématiques si la mathématique formalisée était effectivement écrite… Mais la mathématique formalisée ne peut être écrite tout entière ; force est donc, en définitive, de faire confiance à ce qu'on peut appeler le sens commun du mathématicien ; confiance analogue à celle qu'un comptable ou un ingénieur accorde à une formule ou une table numérique sans soupçonner l'existence des axiomes de Peano*[11], *et qui finalement se fonde sur ce qu'elle n'a jamais été démentie par les faits* »[12].

11. Giuseppe Peano (1858-1932), mathématicien italien, effectue en 1889, dans ses *Principes de l'Arithmétique*, la première axiomatisation moderne de l'arithmétique.

12. N. Bourbaki, *Eléments de mathématiques*, I, *Théorie des ensembles*, Paris, Hermann, 1970, pp. 8-13 – nous soulignons.

On a vu au premier chapitre que l'impossibilité d'une formalisation complète de la métamathématique était une origine de la métaphysique lautmanienne, ou plus exactement, que cette métamathématique, pour jouer pleinement son rôle, devait pour Lautman se faire métaphysique. Or chez Bourbaki, cette impossibilité ne donne absolument pas lieu à l'institution de l'instance métaphysique comme lieu de la compréhension de l'être mathématique, mais au contraire, consacre le primat du « sens commun du mathématicien » ? Quel est le noyau de cette instance en laquelle il faut avoir « confiance » ? Un réalisme des objets, des ensembles et des structures mathématiques :

> « *Quelles que soient les nuances philosophiques dont se colore la conception des objets mathématiques chez tel ou tel mathématicien ou philosophe, il y a au moins un point sur lequel il y a unanimité : c'est que ces objets nous sont donnés et qu'il n'est pas en notre pouvoir de leur attribuer des propriétés arbitraires, de même qu'un physicien ne peut changer un phénomène naturel…*
>
> *De là à assimiler cette résistance aux obstacles que nous oppose le monde sensible, il n'y a qu'un pas ; et même aujourd'hui, plus d'un, qui affiche un intransigeant formalisme, souscrirait volontiers, dans son for intérieur, à cet aveu d'Hermite : "Je crois que les nombres et les fonctions de l'Analyse ne sont pas le produit arbitraire de notre esprit ; je pense qu'ils existent en dehors de nous, avec le même caractère de nécessité que les choses de la réalité objective, et nous les rencontrons ou les découvrons, et les étudions, comme les physiciens, les chimistes et les zoologistes"* »[13].

La profession de foi réaliste est limpide. Or une constante de Lautman, croisée avec son réalisme *méta-*

13. N. Bourbaki, *Eléments d'histoire des mathématiques*, *op. cit.*, p. 30.

physique des Idées, c'est le refus net du réalisme *mathématique* dont cette citation livre une formule très classique. On a vu au chapitre II la leçon que tire Lautman de l'analyse de cette « résistance » que la matière mathématique oppose à la pensée, de l'absence d'arbitraire, de l'effet d'extériorité véhiculé par les mathématiques au long de leurs histoires : *ce n'est pas parce que l'on expérimente en mathématiques un effet de transcendance qu'il faut en inférer l'existence d'objets mathématiques transcendants* (c'est-à-dire extérieurs, indépendants et non affectés par l'histoire) qu'il faudrait simplement « découvrir ». Il ne faut pas confondre transcendance et *effet* de transcendance ; et s'il y a transcendance chez Lautman, et en un sens passablement complexe d'ailleurs, c'est uniquement au niveau des Idées, pas des théories.

Le réalisme bourbachique, plus qu'une philosophie à proprement parler, ressemble d'ailleurs plus, dans cette version standard, à ce que Bachelard appelait une « ontologie spontanée », c'est-à-dire une conceptualisation, non soumise à la critique, qui consiste à *poser*, presque naïvement, l'existence d'une réalité à partir d'une expérience particulière, au lieu d'examiner en profondeur les tenants et aboutissants spécifiques de cette expérience. Si la métaphysique lautmanienne peut sans nul doute susciter un certain scepticisme, pour qui n'est point féru de détours spéculatifs, au moins ne peut-on pas la considérer comme une telle vision « spontanée » et assez monolithique de la nature de l'être mathématique. Par distinction de l'immense fécondité scientifique de Bourbaki, cette vision philosophique au contraire s'apparente plus à un « obstacle épistémologique », pour reprendre encore une expression de Bachelard, qu'à un dispositif novateur.

1.2.- De la différence ontologique à la théorie des catégories

Cette liberté par laquelle Lautman « pense autrement » la réalité et l'objectivité des mathématiques, confère à son œuvre toute sa force et son originalité. Mais sa conception ne va pas sans soulever des difficultés, au premier rang desquelles figure la « différence ontologique » entre Idées et théorie, dont la tension constitutive doit retenir une dernière fois notre attention.

La conception que Lautman en offre repose sur deux thèses également fondamentales, mais qui forment quasiment une aporie. La première thèse est la suivante :

> *« Le problème des liaisons que ces idées sont susceptibles de soutenir entre elles peut se poser en dehors de toute mathématique »*[14].

L'affirmation de l'autonomie du plan dialectique, corrélée au thème de la « domination » des théories par les Idées, est néanmoins considérablement infléchie par une seconde thèse. Immédiatement après la phrase précédente, Lautman rajoute en effet :

> *« L'effectuation de ces liaisons est immédiatement théorie mathématique »*[15].

Nous avons suggéré au travers de la confrontation Lautman-Hegel, au-delà de l'interprétation qu'il propose de cette « effectuation » en s'aidant du concept de « genèse » tiré de Heidegger, que cette tension entre Idées et théories devenait moins opaque si on l'in-

14. AMD, p. 66.
15. *Ibid.*

terprétait dans les termes d'une « annulation », d'un dépassement dialectique, bref, d'une quasi-« Aufhebung » de la différence ontologique.

La plupart des commentateurs contemporains, qu'ils relèvent de la réception mathématique ou philosophique, estiment plus généralement que toute solution à cette aporie passe, d'une façon ou d'une autre, par la *disparition* de cette différence ontologique. Trois versions différentes de cette disparition, pour l'essentiel, ont été ou sont défendues : une option d'inspiration kantienne et phénoménologique, dont nous parlerons à la section suivante, et deux options qui ont en commun de *réintégrer explicitement les Idées dans le mathématique.*

1.2.1- Une différence de pratiques ?

La première de ces deux options consiste à dire que cette différence Idées-théories identifie bien une distinction importante et irréductible, mais que cette distinction ne relève pas de l'ontologie, mais plutôt d'une « praxéologie », d'une théorie de la « praxis », c'est-à-dire des *pratiques* qui font la science. Malgré les accents lyriques que prend parfois Lautman lorsqu'il parle de l'« univers admirable », proprement fascinant, des Idées, celles-ci, comme les théories, ne sont pas figées. Lorsqu'il écrit : « on peut voir dans la philosophie des mathématiques, telle que nos la concevons, l'*activité* rationnelle de fondement se transformer en *genèse* de notions relatives à l'existant »[16], il montre bien que c'est la *dynamique*, le plan de la *pratique* qui importe.

La différence ontologique, vue sous cet angle, renverrait plutôt à la distinction entre deux étapes (plutôt que

16. NR, p. 255. Nous soulignons.

deux étages) dans le processus de connaissance dont on peut estimer qu'ils sont plus *en continuité* l'un avec l'autre qu'en rupture, se recouvrant même aux marges. Aussi vague que soit le terme de « transformation » de la citation ci-dessus, on peut estimer que la différence caractérisant ces deux moments est *de degré plus que de nature*, que leur discontinuité est plus « horizontale » que « verticale ». Refuser le caractère ontologique de la différence ne signifie pas homogénéiser hâtivement les deux moments, mais « lisser » leur relation[17].

On peut ainsi défendre l'idée que les deux pratiques sont toutes deux *intra-mathématiques*. D'une part l'« activité de fondement » serait l'interrogation conceptuelle générale sur les notions comme celle de dualité, d'objet, d'opérateur, de nombre, etc., ou encore l'ensemble des démarches prospectives, heuristiques, plus ou moins informelles et tâtonnantes qui précèdent ou entourent la « genèse de notions ». Celle-ci, d'autre part, serait plutôt la théorisation, la production technique et codifiée de résultats, au sens strict. Cette façon de présenter les choses[18], en insistant à bien juste titre sur le

17. Cf. G. Heinzmann, « La position de Cavaillès dans le problème des fondements des mathématiques, et sa différence avec celle de Lautman », *Revue d'histoire des sciences*, XL (1), 1987. De tradition plutôt anglo-saxonne, l'auteur propose aussi de soumettre les Idées à un principe d'économie ontologique, mais en suivant cette fois une voie empruntée au pragmatisme et à la philosophie du langage.

18. Deux versions proches de cette option sont proposées respectivement par le philosophe anglais contemporain David Corfield, dans l'article « Lautman and The Reality of Mathematics » (2008), et Brendan Larvor, également philosophe anglais contemporain, dans l'article « Lakatos' Mathematical Hegelianism » (2008). A l'occasion d'une lecture de Hegel en partie transposable au cas de Lautman (puisque leurs positions sur les rapports philosophie/mathématiques posent des problèmes comparables), B. Larvor utilise la distinction

plan de la pratique concrète, réduit clairement l'aporie ontologique. Mais elle doit pour cela « localiser » définitivement l'Idée *dans* le champ mathématique, ce qui va à l'encontre de la première grande thèse lautmanienne. Cela exige de surcroît une extension importante du champ mathématique lui-même, largement au-delà de sa dimension strictement démonstrative, ce qui soulève alors le problème de l'identification *distinctive* du « mathématique », c'est-à-dire des critères de sa reconnaissance *comme tel.*

1.2.2- Mathématiser les Idées, formaliser la dialectique ?

La seconde option consiste elle aussi à réintégrer les Idées dans l'univers mathématique, mais est beaucoup plus drastique. Cette fois l'univers mathématique où les Idées sont plongées n'est pas élargi comme dans la première approche, mais au contraire maintenu dans sa délimitation disciplinaire (démonstrative) habituelle. Ce qui est alors proposé, c'est la *mathématisation des Idées*, ni plus ni moins.

Cette voie est nettement anti-lautmanienne, et pourtant, Lautman semble l'avoir ouverte malgré lui. En effet, lors de la séance du 4 février 1939 de la Société Française

opérée dans *Preuves et réfutations. Essai sur la logique de la découverte mathématique* (1963-1964) par Imre Lakatos entre la dimension *heuristique* et la dimension proprement *déductiviste* des mathématiques, et montre que cette distinction recouvre en partie la distinction hégélienne entre les plans dialectique et mathématique.

Ces deux textes sont destinés à publication dans les actes du colloque qui s'est tenu à l'occasion du centenaire de la naissance de Lautman en mars 2008, à l'Université du Québec à Montréal (UQAM) sous la direction de J.-P. Marquis.

de Philosophie[19], Charles Ehresmann, ami de Lautman et membre de son jury de thèse, qui se trouve justement être l'un des fondateurs de Bourbaki, avait dit la chose suivante :

> *« Je pense que les problèmes généraux soulevés par M. Lautman peuvent s'énoncer en termes mathématiques, et j'ajouterai que l'on ne peut s'empêcher de les penser en termes mathématiques. »*[20]

Fernando Zalamea, mathématicien contemporain, traducteur et éditeur des œuvres complètes de Lautman en espagnol[21], défend dans son article « Albert Lautman et la dialectique créatrice des mathématiques modernes » (2006) une telle « énonciation », c'est-à-dire une traduction *technique* de cette dialectique en théorie des catégories[22], théorie dont Ehresmann, justement, fut l'un des pionniers en France après la seconde guerre mondiale.

La théorie des catégories n'est pas une théorie d'*objets*, mais une théorie de structures plus larges et plus intuitives que les ensembles : les « catégories ». Celles-ci sont des collections d'objets et d'opérations appelées « flèches » ou « morphismes », composables entre elles et allant d'un objet-source vers un objet-but. La théorie met l'accent sur les morphismes (également appelés « transformations naturelles ») par lesquels une structure peut être préservée. Etudiant comment une charpente algébrique extrêmement souple peut sous-tendre des univers mathématiques variés par le biais

19. PM.
20. *Ibid.*, p. 619.
21. Voir la bibliographie finale.
22. F. Zalamea, *op. cit.*, pp. 30-33.

de spécifications de plus en plus précises de vastes catégories génériques en catégories plus petites, la théorie capte efficacement le « va-et-vient », les transports et transferts structurels qui peuvent s'opérer entre des cadres différents ; elle est donc un nouveau visage de l'enquête sur l'un et le multiple.

F. Zalamea a donc tout-à-fait raison de souligner la proximité de Lautman et de cette théorie, ce qu'il fait d'ailleurs dans les deux directions : selon lui la pensée de Lautman est d'essence catégoricienne autant que la théorie des catégories est d'esprit lautmanien[23]. D'où son affirmation :

> « *Les "schémas de structure" lautmaniens devancent (dans leur conception) la technique mathématique de son époque, et ils peuvent être nettement précisés seulement dans le contexte plus tardif de la théorie des catégories. Les schémas, la dialectique, le couple Même/Autre, les idées et les mixtes platoniciens acquièrent une notable exactitude technique grâce aux notions de diagramme, objet libre, foncteur représentable et pair adjoint de la théorie des catégories* »[24].

Il n'est pas utile ici d'entrer dans le détail de ces notions pour saisir l'orientation défendue par F. Zalamea : réduire de cette façon la différence ontologique ne serait pas seulement nécessaire, mais surtout souhaitable, puisque ce serait, pour la dialectique, conquérir l'« exactitude technique ». La difficulté de l'opération est plurielle, et à la hauteur de la stimulation qu'elle suscite. Comme pour les formalisations de la dialectique hégélienne[25], évaluer la pertinence *scientifique*

23. Il n'est d'ailleurs pas impossible que la pensée de Lautman ait laissé des traces chez Ehresmann.

24. F. Zalamea, *op. cit.*, p. 21, note 2.

25. Cf. par exemple A. Doz & D. Dubarle, *Logique et dia-*

comme *conceptuelle* de l'entreprise reconduit un autre visage du débat classique sur les rapports philosophie-science : doit-on dire que la philosophie doit gagner en « exactitude », et pour cela se faire science ? Ce type de traduction est une modalité féconde du progrès scientifique, mais s'y loge toujours un risque : donner un chair « exacte » au concept peut aussi *qualitativement* l'appauvrir, perte que Hegel et Lautman auraient dans l'évidence difficilement acceptée, ce dont F. Zalamea tient bien compte d'ailleurs.

D'un autre point de vue, la suggestion est particulièrement stimulante en raison du fait que la théorie des catégories n'est pas une théorie parmi d'autres. Elle se présente en effet aussi comme une candidate, alternative à la théorie des ensembles, à la fonction de socle transversal des mathématiques. A ce titre, elle intervient directement au plan des fondements, lesquels ne peuvent être intégralement capturés de façon technique. En effet, dans les années 1930, c'est bien à partir du constat de l'impossibilité d'une auto-fondation *technique* des mathématiques que Lautman avait élaboré sa philosophie.

On arrive ainsi à un paradoxe : *au niveau des grands principes, Lautman allait des mathématiques à la philosophie, alors que ce projet effectue le trajet inverse.* Ce qui ris-

lectique, Paris, Belin, 1972, et N. Da Costa, *Logique classiques et non-classiques. Essai sur les fondements de la logique*, Paris, Masson, 1997. Nous revenons également en détail sur ce problème dans notre texte « Lautman et Hegel », 2008, actes du colloque de l'UQAM de mars 2008 : cf. note 18 ci-dessus. L'étude approfondit d'abord la confrontation esquissée ici au chap. III au sujet de la dualité Même-Autre, puis la prolonge par l'analyse comparée des formalisations effectuées (ou esquissées) des dialectiques respectives de Hegel et Lautman, en théorie des catégories notamment.

que de transférer à même le dispositif de la théorie des catégories les difficultés métaphysique soulevées par la thèse des Idées, tout comme le premier type de relecture de la différence ontologique nécessite de repousser assez loin les bornes de l'univers mathématique, au risque de le rendre malaisément identifiable.

Quelle que soit l'idée que l'on se fasse à ce sujet, l'essentiel à retenir de ces va-et-vient entre l'Idée et le mathématique, c'est d'une part le fait que les identités respectives de la philosophie et de la mathématique peuvent être difficilement fixées de façon indépendante, et d'autre part, que ces identités sont en devenir.

2. La réception proprement philosophique : de Deleuze à Badiou

2.1.- Lautman et Deleuze

Différence et répétition (1968) de G. Deleuze est la première véritable lecture philosophique de Lautman, centrée sur le sens des Idées en tant que « problèmes » – ouvrage devenu un « classique », qui a influencé l'essentiel des réceptions philosophiques ultérieures de Lautman. Contre le privilège traditionnellement accordé au même et à l'unité, privilège *appauvrissant* l'appréhension du réel, Deleuze y met en avant de façon transversale la différence, dans l'ordre des idées comme celui des phénomènes sensibles, avec l'idée corrélative selon laquelle, sans être aucunement le retour du même, la répétition est en réalité celle du singulier. Il souhaite montrer que la « différence » *n'exprime pas la contradiction*, de même que la « répétition » *n'exprime pas l'identité* : cet anti-hégélianisme massif qui est le sien, rappelé dès l'Avant-Propos[26], l'amène à penser une différence qui soit pure divergence, et une répétition qui, derrière ses déguisements, s'enracine dans une « raison cachée » qui n'est autre qu'un *différentiel* à l'œuvre.

L'étude du sens du rapport différentiel $\frac{dx}{dy}$, qui est pour lui l'objet d'un « Idée »[27], concentre bien d'ailleurs cette posture : cette étude est gouvernée par la prédominance de la variabilité mutuelle des termes du rapport sur la multiplicité quantitative qu'ils sont censés indiquer, et Deleuze la développe sans référence aucune à la longue « Remarque sur l'infini mathématique » que Hegel consacre dans la *Science de la Logique* à cette question, bien que la lecture effectuée du problème soit sensiblement comparable[28]. C'est en tous cas dans la foulée de cette analyse que Deleuze en vient à l'« œuvre admirable »[29] de Lautman, dont il reprend la thèse transversale selon laquelle « un problème n'existe pas hors de ses solutions », mais « insiste et persiste dans ces solutions qui le recouvrent »[30].

Deleuze avait auparavant patronné la discussion de ces Idées-problèmes par la référence kantienne. Dans la « Dialectique transcendantale » de la *Critique de la raison pure* (où « dialectique » signifie logique de l'apparence), Kant affirmait que les Idées de la raison étaient « pro-

26. G. Deleuze, *Différence et répétition*, Paris, PUF, 1968, p. 1.

27. Cf. *Ibid.*, pp. 223 et 229-230.

28. Cf. J.-M. Salanskis, « Pour une épistémologie de la lecture », *Alliage* n° 35-36, 1998 : « *Deleuze mobilise les mathématiques pour présenter [...] le "jeu de la différence avec elle-même". [...] Chacune de ces démarches de Deleuze a un point d'appui dans la littérature [...] pour la première, il se réfère en fait sans le dire à la* Science de la logique *de Hegel, à son développement sur les "étapes" mathématiques de la relation et à la grande remarque sur le calcul infinitésimal* ».

29. *Différence et répétition*, *op. cit.*, p. 212.

30. *Ibid.*, p. 213.

blématiques » au sens de « problèmes sans solution » dès lors que la connaissance se porte au-delà de l'intuition sensible. Ces Idées sont de là non pas des objets, mais des *horizons* totalisants : la raison certes produit de faux problèmes, puisqu'ils reposent sur un usage illégitime de l'Idée (en l'appliquant à quelque chose d'inaccessible à la connaissance, comme l'Âme, Dieu, ou le Monde pris comme totalité). Mais c'est une tendance naturelle à la raison que de se poser ce genre de « faux problèmes »[31]. *De ce fait, toute Idée est un problème jaillissant de la nature même de la raison, mais n'est « dialectique » qu'au sens où elle a une apparence d'objectivité.* Oublier cela serait, pour Deleuze, retomber dans la dénaturation hégélienne.

Deleuze s'inscrit ici, comme il le fera dans ses travaux sur Nietzsche, dans le champ de la discussion des grandes figures post-kantiennes de la philosophie allemande, auxquelles on ajoutera évidemment Spinoza, mais surtout *sans Hegel*. D'une certaine façon, le Lautman de Deleuze est pour ces raisons plus deleuzien que lautmanien, de même que le Platon « hégélianisé » de Lautman est plus lautmanien que platonicien. Mais faisant preuve de la même liberté que lui d'emprunter sans être littéralement fidèle au texte, on peut estimer que Deleuze a reconduit l'essentiel de Lautman : une façon libératrice de philosopher.

2.2.- Les perspectives phénoménologiques de J. Petitot et J.-M. Salanskis

Dans la lignée de Deleuze, les travaux respectifs de Jean Petitot et Jean-Michel Salanskis, partageant une même inspiration phénoménologique, proposent une

31. *Ibid.*, pp. 218-219.

lecture non-platonicienne et non-dialectique des Idées de Lautman, et insistent sur la question du *sens* dans les mathématiques.

J. Petitot met l'accent sur la formule d'« éidétique descriptive » (ou théorie des « eidoï », des essences, c'est-à-dire des idéalités mathématiques) que Lautman reprend à Husserl en 1939 dans « La pensée mathématique ». J. Petitot tire alors les Idées, dans la ligne deleuzienne, vers les concepts « réflexifs » de Kant, mais croise cette inflexion avec le projet d'une explication naturaliste, inspirée des sciences cognitives, de la pensée mathématique et de la structure intentionnelle par laquelle celle-ci constitue ses objets idéaux, ces « idéalités ». L'objectif de J. Petitot, qui consiste explicitement à rénover par là le schématisme transcendantal kantien, avec les outils de la phénoménologie, mais avec une conception de la subjectivité revue et corrigée dans un sens non pas transcendantal, mais naturaliste, a pris chez lui l'appellation éclairante de « physique du sens »[32].

J.-M. Salanskis de son côté défend, au lieu d'une « physique », une « herméneutique » du sens des (et dans les) mathématiques. Un de ses soucis majeurs est celui de comprendre comment dans l'histoire s'opère la *sédimentation du sens*, comment l'effet d'accumulation dans l'histoire des connaissances mathématiques est intriqué dans la structure primitive question-réponse (au sens où toute théorie est réponse à une question-énigme qui la précède et la motive).

Tout en dialoguant vivement avec Lautman de longue date, il ne souscrit cependant pas à son interpréta-

32. J. Petitot, *Physique du sens*, Paris, CNRS, 1992. Voir aussi son article « "Refaire le Timée"... », *op. cit.*, ainsi que sa contribution « Mathématiques et construction », *Kant face aux mathématiques modernes, op. cit.*

tion ontologique de cette structure primitive : c'est la raison pour laquelle il accorde une importance majeure au « cercle herméneutique » thématisé dans *Etre et temps* par Heidegger, et qu'il propose de reformuler dans les termes de ce dernier les vues de Lautman, comme on l'a vu au chapitre III[33]. En raison de la formulation ontologique que Lautman donne de la « question » en en faisant une Idée, J.-M. Salanskis estime en effet que ce dernier (comme Cavaillès) a proposé une lecture par trop « objective », trop métaphysique d'une certaine façon, de l'historicité des mathématiques : rabattant excessivement le *sens* sur l'*être*, Lautman tend à oblitérer le fait que cette historicité, plutôt que des théories ou des objets, est avant tout celle *du sens* qui émane d'eux au cours de l'expérience récurrente que les praticiens en font[34].

Les conceptions respectives de J. Petitot et de J.-M. Salanskis, on le voit, sont donc proches. Elles témoignent en particulier d'une décision commune, grosse d'enjeux. Au profit de la question de la concrétude du sens, ils relient de façon consubstantielle, alors qu'on pourrait les dissocier, l'idée d'une métaphysique de l'Être, et la dialectique qui en présentée comme la principale modalité opératoire, pour les refuser d'un même mouvement.

2.3. La nécessité de combattre l'anti-platonisme selon A. Badiou

Lautman n'est pas un « épistémologue » des mathématiques au sens où il ne rabat pas l'intervention

33. Cf. J.-M. Salanskis, *Philosophie des mathématiques*, Paris, Vrin, 2008, p. 152.
34. Cf. *Ibid.*, p. 171.

philosophique sur le simple examen en interne des procédures de la science, et maintient que la vérité est irréductible aux savoirs. On retrouve cette posture chez Alain Badiou selon qui, dans *L'Etre et l'événement*, les mathématiques *sont l'ontologie* même, le dire platonicien de l'Etre, c'est-à-dire de l'Un et du multiple. La philosophie est, elle, l'articulation des procédures de vérité (mathématiques, poésie, politique et amour) qui façonnent, avec leurs spécificités, cette question ontologique. Elargissant sa théorie de l'être à une théorie de l'apparaître dans son récent *Logique des mondes*[35], il rivalise à cette occasion avec la dialectique hégélienne, de même qu'il avait présenté une théorie de l'Etre alternative à Heidegger dans *L'Etre et l'événement*, en se fondant alors sur la théorie des ensembles.

On peut lire dans *L'Etre et l'événement* la chose suivante : « Les écrits de Lautman sont proprement admirables, et ce que je leur dois, jusque dans les intuitions fondatrices de ce livre, ne se laisse pas mesurer »[36]. Mais cette dette est plus vaste. A. Badiou a rappelé en diverses occasions que la posture de Lautman, bien que leurs positions restent assez différentes, est celle d'une *figure de l'émancipation* d'un « grand radicalisme »[37]. La spéculation, la métaphysique d'une vérité au-delà des savoirs, sont une stratégie de combat contre l'idéologie de la fin « objective » des grands récits :

> *« Le siècle et l'Europe doivent impérativement guérir de l'anti-platonisme. La philosophie n'existera qu'autant qu'elle proposera, à la mesure du temps, une nouvelle étape dans l'histoire de la catégorie de vérité. C'est la vérité qui*

35. *Logique des mondes. L'Etre et l'événement 2*, Paris, Seuil, 2006.
36. *L'Etre et l'événement*, Paris, Seuil, 1988, p. 522.
37. *Ibid.* p. 18.

est aujourd'hui une idée neuve en Europe. Et comme pour Platon, comme pour Lautman, la nouveauté de cette idée s'illumine dans la fréquentation des mathématiques »[38].

Il n'est évidemment pas question d'entrer ici dans les détails de l'œuvre imposante d'A. Badiou. On retiendra simplement que la dimension militante de son platonisme original, outre ses implications politiques assumées, réaffirme avec force cette conviction de Lautman : même si la philosophie n'a aucun droit à légiférer sur les sciences, elle ne saurait se réduire à une simple chambre d'enregistrement de leurs résultats, et confiner en eux toute vérité authentique. Si le mode d'intervention de la philosophie en science reste un pôle de tensions et de débats (comme en témoignent les innombrables querelles, toujours très vives aujourd'hui, sur la définition de ce qu'est l'« épistémologie », sur sont statut et ses instruments), elle doit *prendre le risque de l'ambition*. Au risque d'être une nouvelle fois accusée de verser dans la mauvaise abstraction et l'inutilité, elle doit maintenir active et subversive sa liberté de *penser autrement* ce qui se donne pour vrai.

De ce point de vue là, *Logique des mondes* est suggestif sur un autre plan. Inspiré par la posture de Lautman, rivalisant avec la dialectique hégélienne, c'est justement avec la théorie des catégories dont on a parlé plus haut que Badiou tente de formaliser les structures de l'« apparaître », c'est-à-dire les façons dont l'« événement » – l'avènement concret d'une vérité – surgit et s'impose dans le monde, ou plutôt constitue de nouveaux mondes en s'incarnant dans des sujets adéquats.

38. *Manifeste pour la philosophie*, Paris, Seuil, 1991 p. 94.

Indépendamment du caractère puissamment suggestif de cette polarisation mutuelle du mathématique, du philosophique, de l'historique et du politique, ce que nous voyons, c'est que Badiou croise *de facto* dans cet ouvrage les différentes réceptions de Lautman. Nous pouvons donc maintenant énoncer la dernière conviction, qui est aussi la plus forte, que nous souhaitons faire partager : fréquenter l'œuvre de Lautman, et se laisser gagner par le souffle qui s'en dégage, ce n'est pas seulement méditer avec plaisir un moment de l'histoire de la pensée et s'en instruire, mais c'est aussi et surtout parier pour l'avenir.

⋆ ⋆ ⋆

La vie de Lautman fut à l'image de son œuvre. Soucieux d'une certaine noblesse, il refusait viscéralement toute forme de captivité. Lors de son allocution suite à l'exécution du philosophe, le recteur Moulinier évoque les conférences qu'il avait tenues dans le camp de prisonniers de l'Oflag IV-D en ces termes :

> « *C'était une chose presque inexplicable que ce concours de camaraderie autour d'un homme qui était tout le contraire d'un vulgarisateur et qui se contentait d'exposer ses idées, telles quelles, toutes chaudes de son ardeur intérieure, toute hautes, toutes hautaines même parfois et pour ainsi dire hiératiquement hautaines. La foule ne comprenait pas, mais elle venait fascinée par le sentiment d'une authentique hauteur. Et justement selon lui, le maître n'avait pas d'autre rôle que de donner au disciple le sentiment d'une grandeur* »[39].

39. SD (EO), p. 47.

Sa vie explique-t-elle son œuvre ? Son assassinat par les Nazis pour fait de Résistance ne témoigne-t-il pas aussi de l'esprit avec lequel il se mettait à la hauteur de ses devoirs théoriques ? Mais l'œuvre peut également expliquer l'homme : ce par quoi, au cœur d'un terrible décor historique, il a puisé une force essentielle pour se hisser au niveau de ses devoirs pratiques. Dans un monde manifestement décidé à exécuter tout ce qui peut ressembler à l'exercice d'une pensée et d'une action libératrices, la simple possibilité de cette alternative constitue déjà un solide motif, au-delà de la célébration de l'homme, pour se frotter à l'œuvre.

Index des noms

Index des principales notions

Notices des principales figures évoquées

Bachelard, Gaston (1884-1962) : professeur de sciences et de philosophie à la Sorbonne à partir de 1940, défenseur d'une « psychanalyse de la raison » qu'il a développée à la fois à partir des sciences et de la poésie, son œuvre a encore des échos vifs jusque dans les sciences de l'éducation. Il obtient en 1961 le Grand Prix National des Lettres.

Bourbaki, Nicolas (1940-) : pseudonyme de chercheurs regroupés en association dès 1935, dont Jean Dieudonné, Charles Ehresmann, André Weil et Claude Chevalley furent les membres. Cette première génération a entrepris, à partir de 1940, l'exposition exhaustive de toute la mathématique moderne à partir de la théorie des ensembles, de la méthode axiomatique de Hilbert, et des travaux algébriques de l'école allemande. Les générations suivantes ont poursuivi l'entreprise, toujours en cours.

Broglie, Louis Victor (de) (1892-1987) : mathématicien, physicien et académicien, il reçoit en 1929 le prix Nobel de physique pour ses travaux en mécanique ondulatoire.

Brouwer, Luitzen (1881-1966) : mathématicien hollandais, ses travaux conduits par des méthodes classiques auront de l'importance en topologie algébrique. Il a développé lors de la crise du début du XXe siècle la conception intuitionniste des fondements des mathématiques.

Brunschvicg, Léon, (1869-1944) : philosophe français majeur de la première moitié du XXe siècle, il a développé un « idéalisme critique » selon lequel la puissance du jugement s'exprime dans l'histoire des vérités scientifiques. Cet intérêt pour la genèse de la raison s'exprime aussi dans l'universalisme de son humanisme politique. Il a profondément marqué Lautman qui voyait en lui son « maître ».

Cantor, Georg (1845-1918) : professeur à l'université de la Halle, fondateur en 1890 de la Société des mathématiciens allemands, il élargit sa contribution à l'analyse réelle par une arithmétique du transfini et produit dans les années 1860-1870 la version la plus connue de la première théorie des ensembles.

Carnap, Rudolf (1881-1970) : philosophe d'origine allemande émigré aux Etats-Unis en 1933, il est l'un des représentants majeurs de la philosophie anglo-saxonne de la connaissance. Il incarne le programme néo-positiviste et physicaliste du Cercle de Vienne dont il co-écrivit le *Manifeste* en 1929.

Cassirer Ernst (1874-1945) : philosophe allemand de l'école néo-kantienne de Marbourg (avec H. Cohen et P. Natorp). Son œuvre transversale dominée par l'idée de forme symbolique va des mathématiques et de la physique, à la politique avec *Le Mythe de l'Etat* (publié à la fin de sa vie aux Etats-Unis où il s'était exilé dans les années 1930), en passant par le langage, l'art et la culture.

Cauchy, Louis-Augustin (1789-1857) : polytechnicien, ingénieur, contributeur important de la rénovation des concepts de l'analyse réelle (dont celui de limite), membre de l'Académie des Sciences, il s'exile au moment de la révolution française de 1830 et devient le précepteur du petit-fils de Charles X. De retour en France en 1838, il retrouva en 1848 une chaire de mathématiques à la Sorbonne.

Cavaillès, Jean (1905-1944) : philosophe français proche de Lautman, chef important de la résistance parisienne sous l'occupation allemande. Son engagement comme son œuvre en philosophie de la logique et des mathématiques constituent encore aujourd'hui un modèle influent dans le champ philosophique français et son institution universitaire.

Dedekind, Julius Wilhelm Richard (1831-1916) : élève de Gauss, grand inspirateur de l'algèbre moderne, il a également marqué la reconstruction des nombres réels, et élaboré en même temps que Cantor la première théorie des ensembles.

Duhem, Pierre (1861-1916) : physicien, chimiste, philosophe et historien des sciences, le fil conducteur de son œuvre fut la puissance de la science à « sauver les phénomènes », c'est-à-dire de donner une lecture cohérente des observations et mesures expérimentales effectuées sur les grandeurs physiques.

Euclide (IVe-IIIe siècles av. J. C.) : nous ignorons tout de sa vie. Première exposition systématique des mathématiques fondée sur un série délimitée de définitions, axiomes et postulats, ses *Eléments* constituent jusqu'au XIXe siècle le modèle hypothético-déductif des sciences.

Frege, Gottlob (1848-1925) : logicien-philosophe allemand, professeur à Iéna, il est, avec Russell, le fondateur de la logique mathématique contemporaine et du courant logiciste. Son *Idéographie* de 1879 est la première grande formalisation du calcul des prédicats.

Galois, Evariste (1811-1832) : mathématicien français mort lors d'un duel, agitateur révolutionnaire en 1830, il est exclu de l'Ecole Normale Supérieure en 1831 pour son républicanisme. La valeur de ses théories sur les équations et les corps algébriques, qui ont constitué des étapes fondamentales pour le développement de l'algèbre moderne, n'a été reconnue que plusieurs décennies plus tard.

Gauss, Carl Friedrich (1777-1855) : professeur à Göttingen, son œuvre monumentale couvre tous les domaines des mathématiques, des *Discussions arithmétiques* de 1801 à la *Dissertation générale sur les surfaces courbes* de 1827, en passant par les géométries non-euclidiennes.

Gödel, Kurt (1906-1978), professeur à Vienne puis à Princeton, auteur d'une grande œuvre de logique mathématique et de philosophie axée sur la question des fondements. Il est surtout connu pour son théorème dit « d'incomplétude » de 1931 qui établit l'existence de propositions indécidables dans toute théorie mathématique de puissance d'expression égale ou supérieure à celle de l'arithmétique élémentaire.

Gonseth, Ferdinand (1890-1975) : épistémologue suisse qui a enseigné longtemps l'analyse des fondements des mathématiques et la philosophie des sciences à l'Ecole Polytechnique Fédérale de Zürich. Humaniste soucieux de faire collaborer science et philosophie, son œuvre possède des affinités autant avec celles de Bachelard que de Piaget. Co-créateur en 1947 de la revue internationale « Dialectica ».

Hegel, Georg Wilhelm Friedrich (1770-1831) : d'abord précepteur puis journaliste, il commence sa carrière philosophique à Iéna en 1801 et la poursuivra à Berlin. Grand penseur de la rationalité, de l'histoire et de la vérité, son idéalisme spéculatif centré sur la dialectique est depuis lors un incontournable de la philosophie. Il a cependant subi en France une éclipse certaine à la charnière des XIXe et XXe siècles, notamment du fait de son rôle dans la genèse du marxisme, avant d'être remis sur la scène dans les années 1930 grâce au philosophe français Alexandre Kojève en particulier.

Heidegger, Martin (1889-1976) : philosophe allemand, ayant débuté par des études de théologie, qui succède à Husserl en 1928 à Fribourg avant de devenir recteur de l'université lors de la prise du pouvoir en

1933 par les nazis. Populaire en France lors de la vague existentialiste après la seconde guerre mondiale alors même qu'il est suspendu de ses fonctions, son ontologie fondamentale du *dasein* et sa conception de la vérité comme dévoilement de l'Être, en dialogue avec la phénoménologie, jouent un rôle majeur dans la philosophie contemporaine. Le lien entre sa pensée et son trajet politique est toujours l'objet de vives controverses.

Herbrand, Jacques (1908-1931) : logicien lié à l'école de Hilbert, considéré comme un génie par ses condisciples, il a énormément influencé Lautman. Il meurt accidentellement lors d'une expédition en montagne.

Hilbert, David (1862-1943) : couvrant tous les domaines des mathématiques, initiant l'axiomatique moderne et le développement des méthodes abstraites, il incarne le passage à une ère nouvelle dont Bourbaki sera l'héritier. Le « programme de Hilbert » désigne l'objectif de démonstration absolue de la non-contradiction de tout l'édifice mathématique sur des bases formalistes et métamathématiques.

Husserl, Edmund (1859-1938), d'abord mathématicien élève de Weiestrass, puis élève du psychologue Brentano, il est l'initiateur de la phénoménologie qui est au cœur de la philosophie contemporaine. D'origine juive, enseignant à Göttingen puis à Fribourg, il doit abandonner sa chaire en 1928 au profit de Heidegger.

Kant, Immanuel (1724-1804) : l'auteur de la *Critique de la raison pure*, ayant mis au centre de toute connaissance les structures *a priori* du sujet transcendantal, symbolise en philosophie la « révolution copernicienne ».

Klein, Félix (1849-1925) : professeur à Erlangen puis à Göttingen, il publie en 1872 *Le programme d'Erlangen. Recherches comparatives sur les méthodes géométriques modernes* qui aura une influence considérable.

Leibniz, Gottfried Wilhelm (1646-1716) : mathématicien et philosophe mais aussi avocat, il fut, après des études à Leipzig et à Iéna, conseiller à la cour suprême de Mayence puis conseiller privé de Pierre le Grand de Russie. Co-inventeur du calcul infinitésimal avec Newton, auteur d'une métaphysique originale (la monadologie) et d'une conception très novatrice du symbolisme en logique et mathématique, il est souvent considéré comme ayant anticipé la révolution de la logique formelle du XIXe siècle.

Meyerson, Emile (1859-1933) : philosophe français d'origine russe, qui a développé une épistémologie réaliste fondée sur le principe d'identité.

Natorp, Paul (1854-1924) : philosophe allemand, représentant de l'école néo-kantienne de Marbourg (avec H. Cohen et E. Cassirer). Outre des travaux en psychologie et en philosophie sociale, il a proposé une lecture kantienne de l'unité platonicienne de la pensée et de l'être, et en philosophie des sciences a entre autres défendu, à mi-chemin entre Kant et Hegel, une refondation « logiciste » du concept de nombre alternative à celle du logicisme anglo-saxon.

Newton, Isaac (1642-1727) : physicien anglais, incarnation de la nouvelle et glorieuse physique mathématique, héritier de Galilée et de Kepler, co-inventeur avec Leibniz du calcul infinitésimal, il est l'auteur des *Principes mathématiques de la philosophie naturelle* où il unifie par la théorie de la gravitation les mécaniques céleste et terrestre, ouvrage qui est aussi une réponse aux *Principes de la philosophie* de Descartes.

Platon (427-347 av. J. C.) : fils d'une famille de la noblesse athénienne marqué par sa rencontre avec Socrate, il fonde l'Académie, et sera conseiller politique des tyrans de Sicile où il tentera vainement d'agir en vue d'un gouvernement républicain juste. Considéré comme le père de la rationalité philosophique occidentale, héritier de Parménide et de Pythagore, penseur des Idées et théoricien de la dialectique à la suite de son inventeur Zénon d'Elée, ses dialogues écrits et sa doctrine orale sont une source inépuisable de méditation dans tous les champs de la connaissance.

Riemann, Bernhard (1826-1866) : mathématicien allemand qui, comme Gauss, a laissé une œuvre majeure dans tous les domaines des mathématiques. Il est de plus à l'origine de nouveaux cadres conceptuels, notamment dans son mémoire d'habilitation de 1854 *Sur les hypothèses qui servent de fondement à la géométrie.*

Robin, Léon (1866-1947) : historien de la philosophie antique, professeur à la Sorbonne pendant l'entre-deux-guerres. Ses études sur Platon et ses prédécesseurs et ses traductions sont encore des références.

Russell, Bertrand (1872-1970) : penseur anglais auteur d'une œuvre monumentale (scientifique, philosophique, littéraire, politique) qui a marqué tout le XXe siècle. Il a publié en 1910 avec Whitehead les *Principia mathematica* et incarné le courant logiciste dans la crise des fondements. Il a présidé avec Sartre le Tribunal qui porte son nom contre les « crimes commis par les Etats-Unis et leurs alliés » pendant la guerre du Viêtnam. Prix Nobel de littérature en 1950.

Schrödinger, Erwin (1887-1961) : physicien autrichien célèbre à la fois par le paradoxe du chat et par l'équation de mécanique quantique qui portent son nom (pour laquelle il a reçu en 1933 avec P. Dirac le prix Nobel de physique), il a contribué au développement du formalisme théorique de la mécanique quantique.

Van der Waerden, Bartel Leendert (1903-1966) : formé par Emil Artin et Emmy Noether, contributeurs allemands de premier plan à l'étude axiomatique des structures algébriques, il est l'auteur en 1931 de l'ouvrage de référence *Moderne Algebra.*

Weierstrass, Karl (1815-1897) : mathématicien allemand, a participé en profondeur au renouvellement de l'analyse réelle et complexe, et incarné la période de la « rigueur ». Husserl a été son assistant.

Weyl, Hermann (1885-1955) : mathématicien et physicien allemand, il succède à Hilbert en 1930 à Göttingen. Son œuvre couvre toutes les branches des mathématiques, et en plus de ses travaux en théorie de la relativité, il est activement intervenu avec une position intuitionniste modérée dans le débat sur les fondements.

Wittgenstein, Ludwig (1889-1951) : ingénieur autrichien, engagé volontaire dans l'armée autrichienne pendant la guerre de 1914-1918, il fut aussi instituteur et jardinier. Formé à la philosophie par Russell, il ne publie de son vivant en 1921 que le *Tractatus logico-philosophicus*, contribution majeure de la philosophie de la logique. Son œuvre ultérieure publiée à titre posthume, axée sur la notion de « jeu de langage » et la déconstruction des faux problèmes de la philosophie, jouera un rôle clé dans le tournant « linguistique » de la philosophie anglo-saxonne.

Bibliographie[1]

1. Principales études utilisées ou citées

Barot, Emmanuel, « L'objectivité mathématique selon Albert Lautman : entre Idées dialectiques et réalité physique », *Cahiers François Viète*, 2003, 6, pp. 3-27.

Chevalier, Olivia, « "La montée vers l'absolu" : la lecture de Descartes par Albert Lautman », dans B. Cany (dir.), *Cahiers critiques de philosophie*, n° 3, Paris, Hermann, 2007.

Granger, Gilles-Gaston, « Cavaillès et Lautman : deux pionniers », *Revue philosophique de la France et de*

1. Le lecteur curieux complètera avec les éléments de la « bibliographie secondaire » plus fournie donnée dans A. Lautman, *Les mathématiques, les idées et le réel physique*, Paris, Vrin, 2006, pp. 15-16.

l'étranger, (3) 2002, *Philosopher en France (1940-1944)*, pp. 293-301.

Heinzmann, Gerhard, « Une revalorisation d'une opposition : sur quelques aspects de la philosophie des mathématiques de Poincaré, Enriques, Gonseth, Cavaillès et Lautman », *Fundamenta Scientiae*, vol. 10, n° 1, 1989, pp. 27-33.

Kerszberg, Pierre, « Albert Lautman ou le Monde des Idées dans la Physique Relativiste », *La Liberté de l'Esprit*, 16, 1987, pp. 211-236.

Lautman, Jacques, Présentation de A. Lautman, *Les Mathématiques, les idées et le réel physique*, Paris, Vrin, 2006, pp. 7-13.

—, « Jean Cavaillès et Albert Lautman : proximités et distances », *L'Archicube*, n° 2, 2007, pp. 23-36.

Petitot, Jean, « La dialectique de la vérité objective et de la valeur historique dans le rationalisme d'Albert Lautman », dans J. Petitot & L. M. Scarantino (éds.), *Sciences et philosophie en France et en Italie entre les deux guerres*, Vivarium Napoli MMI, Istituto Italiano per gli Studi Filosofici, 2001, pp. 29-55.

Zalamea, Fernando, « Lautman et la dialectique créatrice des mathématiques », dans A. Lautman, *Les Mathématiques, les idées et le réel physique*, Paris, Vrin, 2006, pp. 17-33.

Dans le numéro spécial de Revue d'histoire des sciences, XL (1), 1987 :

Chevalley, Catherine, « Albert Lautman et le souci logique », pp. 49-77.

Heinzmann, Gerhard « La position de Cavaillès dans le problème des fondements des mathématiques, et sa différence avec celle de Lautman », pp. 31-45.

Petitot, Jean, « "Refaire le Timée". Introduction à la philosophie mathématique d'Albert Lautman », pp. 79-115.

Sinaceur, Hourya, « Structure et concept dans l'épistémologie de Jean Cavaillès », pp. 5-30.

Lettre de Bachelard à Lautman du 11 janvier 1938, pp. 129.

2. Ouvrages généraux[2]

Benacerraf, Paul & Putnam, Hilary, *Philosophy of Mathematics. Selected Readings*, 1963, Cambridge, Cambridge University Press, 1998 (anthologie).

Desanti, Jean-Toussaint, *La Philosophie silencieuse ou critique des philosophies de la science*, Paris, Seuil, 1975.

Dialectiques aujourd'hui (coll.), Paris, Syllepse (coll. « Marx : explorer, confronter, innover »), 2006.

Dixsaut, Monique, *Métamorphoses de la dialectique dans les dialogues de Platon*, Paris, Vrin, 2001.

Fedi, Laurent & Salanskis, Jean-Michel (éds.), *Les Philosophies françaises et la science : dialogue avec Kant*, *Cahiers d'Histoire et de Philosophie des Sciences* (SFHST), n° 50, Paris, Ophrys (éd. ENS Ulm), 2001.

2. Ne sont pas repris les ouvrages déjà cités dans le corps du livre.

Gonseth, Ferdinand, *Les Mathématiques et la réalité. Essai sur la méthode axiomatique*, Paris, Blanchard, 1974.

Kitcher, Philip, *The Nature of Mathematical Knowledge*, NewYork – Oxford, Oxford University Press, 1984.

Largeault, Jean (éd.), *Logique mathématique. Textes*, Paris, Armand Colin, 1972 (anthologie).

—, *Intuitionnisme et théorie de la démonstration*, Paris, Vrin, 1992 (anthologie).

Mouloud, Noël, *Les Assises logiques et épistémologiques du progrès scientifique*, Lille, Presses du Septentrion, 1989.

Panza, Marco & Salanskis, Jean-Michel (éds), *L'Objectivité mathématique. Platonismes et structures formelles*, Paris, Masson, 1995.

Platon, *Œuvres complètes*, 2 tomes, tr. fr. L. Robin et J. Moreau, Paris, Gallimard (coll. La Pléiade) 1950.

Rivenc, François & de Rouilhan, Philippe, *Logique et fondements des mathématiques, Anthologie 1850-1914*, Paris, Payot, 1992.

Salanskis, Jean-Michel, *Heidegger*, Paris, Les Belles-Lettres, 1997.

Servois, Julien, *Paul Natorp et la théorie platonicienne des Idées*, Lille : Presses du Septentrion, 2004.

Soulez, Antonio (éd.), *Manifeste du Cercle de Vienne et autres écrits*, Paris, PUF, 1985.

3. Ouvrages d'introduction

Dixmier, Jacques, en collaboration avec Dugac, Pierre, *Cours de mathématiques du premier cycle*, Paris, Dunod, 1997 (2e éd.).

Quine, William van Orman, *Logique élémentaire*, 1947, tr. fr. J. Largeault & B. Saint-Sernin, Paris, Vrin, éd. 2006.

Kleene, Stephen C., *Logique mathématique*, 1967, tr. fr. J. Largeault, Paris, Gabay, 2004.

Table des matières

Ce volume,
le quarante-quatrième de la collection
« Figures du savoir »,
publié aux éditions Les Belles Lettres,
a été achevé d'imprimer
en janvier 2009
sur les presses
de l'imprimerie Barnéoud
53960 Bonchamp-lès-Laval, France

N° d'éditeur : 6828
N° d'imprimeur : 901021
Dépot légal : février 2009

Imprimé en France